HOUSE INTERIOR

하우스 인테리어

하우스앱 지음

길벗

하우스 인테리어

초판 발행 · 2019년 7월 15일
초판 4쇄 발행 · 2021년 11월 29일

지은이 · 하우스앱
발행인 · 이종원
발행처 · (주) 도서출판 길벗
출판사 등록일 · 1990년 12월 24일
주소 · 서울시 마포구 월드컵로 10길 56 (서교동)
대표전화 · 02)332-0931 | **팩스** · 02)323-0586
홈페이지 · www.gilbut.co.kr | **이메일** · gilbut@gilbut.co.kr

편집팀장 · 민보람 | **기획 및 책임편집** · 서랑례(rangrye@gilbut.co.kr) | **제작** · 이준호, 손일순, 이진혁
영업마케팅 · 한준희 | **웹마케팅** · 김윤희, 김선영 | **영업관리** · 김명자 | **독자지원** · 송혜란, 윤정아, 홍혜진

촬영 및 편집 진행 · 김소영 | **사진** · 이원엽 | **디자인** · 김효진 | **교정교열** · 추지영
CTP 출력 · 인쇄 두경 M&P | **제본** 신정제본

ISBN 979-11-6050-842-0 (13590)
(길벗 도서번호 020113)

ⓒ 하우스앱
정가 18,000원

독자의 1초까지 아껴주는 정성 길벗출판사
(주)도서출판 길벗 | IT실용, IT/일반 수험서, 경제경영, 취미실용, 인문교양(더퀘스트) www.gilbut.co.kr
길벗이지톡 | 어학단행본, 어학수험서 www.eztok.co.kr
길벗스쿨 | 국어학습, 수학학습, 어린이교양, 주니어 어학학습, 교과서 www.gilbutschool.co.kr
페이스북 · www.facebook.com/gilbutzigy | **트위터** · www.twitter.com/gilbutzigy

독자의 1초를 아껴주는 정성!
세상이 아무리 바쁘게 돌아가더라도
책까지 아무렇게나 빨리 만들 수는 없습니다.

인스턴트 식품 같은 책보다는
오래 익힌 술이나 장맛이 밴 책을 만들고 싶습니다.

땀 흘리며 일하는 당신을 위해
한 권 한 권 마음을 다해 만들겠습니다.

마지막 페이지에서 만날 새로운 당신을 위해
더 나은 길을 준비하겠습니다.

독자의 1초를 아껴주는 정성을 만나보십시오.

전 세계가 인정하는 한국의 집

유튜브와 SNS를 통해 K-팝 K-POP, K-푸드 K-FOOD, K-뷰티 K-BEAUTY가 전 세계적으로 인기를 얻고 있다. "문화의 힘은 우리 자신을 행복하게 하고 나아가 남에게 행복을 준다"는 백범 김구 선생의 말씀처럼 뿌듯하기 그지없다. 전 세계 사람들이 한국의 패션을 극찬하고 한국의 음식에 열광한다. 그렇다면 이제 남은 것은 한국의 집, K-인테리어 K-INTERIOR가 떠오를 차례다.

5년 전 이런 의문이 문득 스쳤다.

"다른 사람들은 어떻게 집을 꾸미고 살까?"
"나는 우리 집을 어떻게 꾸미는 것이 좋을까?"

하우스앱은 이런 의문에서 출발했다.

5년 전만 해도 SNS가 지금처럼 활발하지 않았기에 실제로 사람이 살고 있는 집의 모습과 내부 인테리어를 확인하기가 어려웠다. 그래서 해외의 인테리어 자료들을 찾아보고, 그것을 페이스북에 공유했다. 개인의 인테리어 스크랩북으로 시작한 페이스북 페이지는 순식간에 구독자 30만 명을 거느린 커뮤니티가 되었다. 하지만 한계가 있었다. 해외의 인테리어 자료들은 한국의 주택(아파트) 구조와 마감이 다르기 때문에 적용하기가 쉽지 않았다.

그렇게 1년 정도 지났을 무렵 자신이 꾸민 집을 SNS에 소개해 줄 수 있느냐는 메시지를 받았다. 30~40대가 모여 있던 카카오스토리에 하우스앱(당시 하우스) 채널을 오픈하면서 메시지로 받았던 '한국'의 리얼한 인테리어를 소개하기 시작했다. 반

응은 가히 폭발적이었다. 페이스북의 반응 이상이었고, 인테리어라는 단일 주제로 80만 명의 구독자를 거느린 채널이 되었다.

그렇게 하우스앱은 고유한 플랫폼을 가진 인테리어 커뮤니티 커머스로 발전했다. 브랜드가 자신을 홍보하는 수단으로 SNS를 만드는 것이 아니라, SNS에서 브랜드로 발전한 특이한 경우이지만 어찌 보면 자연스러운 수순이었다. 그 모든 것들이 하친 (하우스앱 친구)님이라 일컫는 인테리어를 사랑하는 구독자들이 있었기에 가능했던 일이다.

온라인에서만 활동하던 우리는 2015년 1월 《하우스 인테리어 소셜북, 집》이라는 책을 출판했고, 이듬해 《신혼집》을 출판했으며, 이번에 나오는 것은 세 번째 책이다.

꾸준히 책을 내는 이유는 핸드폰 속에서 휘발되던 수많은 사진과 글들을 오프라인으로 남겨두고 싶기 때문이다.

4년 전 처음 출판했던 책 속의 사진들과 이 책 속의 사진들을 비교해 보면 마치 10년 이상의 시간이 흐른 것 같다. 그만큼 한국의 인테리어는 빠르게 변화하고 있다. 이제는 따라 하기에 급급했던 천편일률적인 모습에서 벗어나 그 집에 사는 사람의 개성을 살린 다채로운 디자인을 볼 수 있다.

이렇게 짧은 기간 동안 이만한 발전을 이루어낼 수 있는 것은 역시 '한국'이기 때문이 아닐까? 한국의 인테리어 사진들이 전 세계 사람들이 따라 하고 싶은 '해외 자료'로 공유될 날이 머지않았다. 이 책이 자랑스러운 K-인테리어의 참고서가 되기를 바란다.

CONTENTS

PART 1   취향에 맞게 알차게 꾸민 **20평대 인테리어**

인테리어를 하기 전에 체크해야 할 4가지

01. 콘셉트는 나를 닮은 인테리어

눈에 띄는 인테리어를 발견할 때마다 핸드폰이나 컴퓨터 폴더에 사진을 모아둔다. SNS에서 참고하고 싶은 집을 보면 사진을 저장해 두자. 이렇게 모아둔 이미지들을 훑어보면 내가 어떤 스타일을 좋아하는지 어느 정도 파악할 수 있다. 모던한 스타일을 좋아하는지 레트로풍을 원하는지, 어떤 스타일의 가구에 눈길이 가는지 알 수 있다. 사진 자료들을 조합해서 콜라주를 하다 보면 인테리어를 시작할 때 좋은 가이드북이 된다. 인테리어는 지극히 주관적이기 때문에 그 공간에 살고 있는 '나'의 만족과 행복이 가장 중요하다. 새로 인테리어를 한 집에 친구들을 초대했을 때 "집이 참 너를 닮았네"라는 이야기를 듣는다면 대성공.

02. 꼼꼼한 실측은 필수

1~2센티미터가 인테리어를 좌우한다. 인테리어를 하기로 마음먹었다면 정확한 실측은 필수. 5미터짜리 줄자를 준비하는 것이 좋다. 20~30평대 집은 대부분 한쪽 벽면 길이가 3미터 이상이기 때문에 3미터 이하짜리 줄자로는 측정하기 어렵다. 줄자를 이용해서 간략하게나마 도면을 그려두면 가구나 가전제품을 배치할 때 매우 유용하다. 벽면과 문, 창문 등의 사이즈를 재서 적어두고, 콘센트와 조명 스위치, 인터폰 등 벽면에 붙어 있는 기기들의 위치까지 표시해 둔다. 1~2센티미터 차이로 가구가 원하는 공간 안에 들어가지 않거나 예상외로 공간이 너무 많이 남는 경우가 비일비재하다. 꼼꼼한 실측은 인테리어의 기본 중 기본이다.

03. 예산을 짤 때는 선택과 집중

인테리어 의뢰를 받았을 때 예산을 물어보면 생각보다 많은 사람들이 선뜻 대답하지 못한다. 하지만 인테리어에 지출할 수 있는 비용을 정해 두는 것이 매우 중요하다. 그래야 예산 내에서 선택과 집중을 할 수 있기 때문이다. 비용이 정해졌다면 이 집에서 가장 중요하게 생각하는 부분에 많은 예산을 편성하자. 가족들과 함께 앉아 밥을 먹는 것이 중요하다면 식탁에 아낌없는 비용을 투자한다. 거실 소파에 앉아 TV를 보는 것이 좋다면 편안한 소파와 멋진 TV에 투자하는 것이 현명한 선택이다. 그 외에는 최소한의 비용으로 인테리어를 진행한다.

극단적인 예를 들어보자면, 총 예산이 300만 원이라고 했을 때 200만 원짜리 멋들어진 식탁을 들이고, 나머지는 다이소의 저렴한 제품들로 집 안을 채워도 좋다. 인테리어 예산은 언제나 부족하다. 모든 공간을 만족시키기보다 내가 정말 중요하게 생각하는 단 하나의 공간에 집중할 것을 추천한다. 그런 경우 만족도가 훨씬 높다는 것을 경험으로 알 수 있다.

04. 내가 할 수 있는 것과 그렇지 않은 것

셀프 인테리어를 처음 시작하는 초보자들이 흔히 겪는 실수가 있다. 모든 인테리어를 스스로 하려는 것이다. 셀프 인테리어를 해본 경험이 있는 사람들은 직접 할 수 있는 것과 그렇지 않은 것들을 어느 정도 구분할 수 있다. 예산을 줄이기 위해 시공을 직접 해볼 수도 있지만, 시간 절약이나 품질을 생각한다면 전문 업체에 맡기는 것이 훨씬 나은 경우도 있다. 초보자들에게도 추천하는 셀프 인테리어 시공 작업들로는 벽면, 문, 가구 페인팅(화장실 페인팅 제외), 싱크대 및 가구 시트지 부착, 방문 손잡이 교체, 콘센트 및 조명 스위치 교체, 조명 설치 등이다. 물론 이보다 더 많은 작업들을 할 수도 있을 것이다. 하지만 처음 시작하는 사람들은 간단한 작업들을 해보면서 자신이 셀프 인테리어를 잘할 수 있는지 판단해 보자. 초보자들이 꼭 피하는 것이 좋은 작업은 화장실 페인팅, 화장실 타일 시공, 바닥 시공, 방문 및 몰딩 시트지 부착 등이다. 초보자와 전문가의 품질 차이가 많이 나는 작업들이기 때문이다. 이것들까지 직접 해내려면 여러 차례 경험이 필요하다.

인테리어 작업 순서 및 소요 시간

※20평 후반~30평 초반 기준(작업에 따른 금액)

공사 범위	공사 기간	공사 내용 및 예산
철거 공사	1~2일	화장실, 싱크대, 섀시, 신발장, 붙박이장, 베란다, 바닥 등 전체 철거 기준 100~150만 원(1~2일)
창호(섀시) 공사	1~2일	전체 기준 800~1000만 원
설비 공사	1~2일	확장 시 바닥 난방 공사, 욕실 방수 및 미장 100~200만 원
전기 공사	1~2일	조명 및 콘센트, 스위치 위치 및 수량 100~150만 원
목공	1~2일	문, 문틀, 몰딩, 벽, 걸레받이 등 150~200만 원
필름, 도장	1~2일	전체 도장은 4~5일 필름 : 50~100만 원 / 도장 : 평당 2만 원대
타일 공사 (욕실/주방)	1일	200~300만 원
도배	1일	100~200만 원
바닥	1~2일	마루 종류에 따라 다름 150~300만 원
조명 및 가구 공사	1~2일	조명 설치 및 붙박이장, 신발장, 싱크대 300~400만 원

인테리어 업체
선정 기준

01. 인테리어 시공의 프로세스 이해

소규모 인테리어 업체들은 디자인과 감리만을 담당하고, 시공과 관련된 대부분의 일들은 각각의 공정에 맞는 협력업체에서 진행한다. 철거, 섀시, 목공 등은 다른 업체에 아웃소싱을 하고, 인테리어 업체는 이들을 관리하는 것이다. 대부분의 인테리어 업체들은 동시에 2~3곳의 공사를 진행하기 때문에 관리에 소홀할 수도 있다. 공사기간 중에 한두 번 정도 현장을 꼭 방문해서 인테리어 업체 담당자에게 설명도 듣고, 중요하게 여기는 부분에 대해서는 반드시 직접 보고 체크하는 것이 좋다. 인테리어가 끝나고 나서 잘못된 부분이 발견되면 A/S를 받을 수도 있지만 불필요한 감정 소모와 시간을 허비하기 쉽다.

02. 3~4곳 이상 견적은 필수

지인한테 소개받은 곳이라거나 급한 일정 때문에, 또는 어디나 비슷비슷하겠지 하는 마음으로 1~2곳만 견적을 받는 경우가 있다. 어쩌면 내 인생에서 가장 큰돈을 지출하는 것인데 첫 단추를 잘못 끼우면 큰 낭패를 보게 된다. 1만 원짜리 인테리어 소품을 살 때는 1천 원이라도 싼 곳을 찾으려고 수없이 가격 비교를 하지 않는가. 하물며 수천만 원이 들어가는 인테리어 공사의 견적은 그보다 훨씬 더 많이 받아보고 꼼꼼히 비교해야 한다.

여러 업체에게 견적을 받아보면 평균적인 인테리어 비용을 알 수 있다. 공정별로 비용을 구분해서 제시하므로 비교하기도 쉽다. 견적을 요청할 때도 도배지와 마루 종류, 섀시 소재나 브랜드 등 구체적으로 받아봐야 한다. 인테리어는 자재에 따라 비용이 천차만별이기 때문이다. 단순히 공정 전체를 뭉뚱그려 견적을 받으면 어느 부분에서 불필요한 비용이 발생하는지 확인할 수 없다.

견적을 비교하고 나서 가장 합리적인 업체를 선택했다면, 최종적으로 견적 수정 과정을 거쳐 공사를 진행하면 된다. 하지만 공사가 진행되는 중에도 예기치 못한 상황들이 발생해 견적이 달라지는 경우가 대부분이다. 이럴 때마다 수정 견적을 새로 받아 정확한 금액을 확인하는 것이 좋다.

03. 원하는 디자인 콘셉트 시공 경험 유무

대부분의 인테리어 업체들은 새로운 디자인을 시도하려고 하지 않는 경향이 있다. 원하는 디자인을 제시했을 때 적극적으로 반영해 보려는 업체가 있는가 하면 그렇지 않은 업체들도 있다(해당 작업에 대한 비용을 과도하게 높게 잡는 등). 이럴 경우 업체와 협의를 해야 하는데, 전문적인 지식이 없어서 결국 디자인을 포기하기도 한다. 정말 원하는 디자인 포인트가 있다면 해당되는 포트폴리오가 있는 업체를 찾아서 맡기는 것이 가장 현명한 방법이다.

특별한 작업이 요구되는 디자인이 없다면 가까운 위치에 있는 인테리어 업체를 선택하는 것이 좋다. 자주 방문하고 꾸준히 관리할 수 있기 때문이다.

04. 계약서 작성은 최대한 상세하게

견적 비용을 토대로 업체가 정해졌다면 계약서를 작성한다. 간혹 계약서를 제대로 작성하지 않고 공사를 진행하는 사람들이 있는데, 이럴 경우 문제가 발생했을 때 손해를 보거나 시공업체와 다툼의 소지가 있다. 계약서에는 공사 기간, 계약금, 착수금, 중도금, 잔금, 공사 내역, 비용 등을 기재한다. 특히 공사 내역은 받은 견적을 기본으로 작은 소품 하나하나까지 비용을 기재하는 것이 좋다.

공사 금액은 여러 번에 걸쳐 분할 지급하는데, 공사가 마무리되고 하자 보수까지 끝났을 때 잔금을 치른다. 선지급은 하지 않는 것이 좋다.

05. 중요한 공정은 직접 감리한다

공사가 시작되면 당연히 인테리어 업체에서 관리 감독을 진행한다. 하지만 업체도 동시에 여러 곳을 공사하기 때문에 한 곳에서 하루 종일 지켜보고 있을 수는 없다. 클라이언트가 시간 여유가 된다면 매일 현장에 붙어 있으면 좋겠지만, 그렇지 않더라도 중요한 공정(중요한 제품 설치, 목공 등)은 반드시 직접 가서 확인한다. 클라이언트와 인테리어 업체의 커뮤니케이션보다 인테리어 업체와 작업자 간의 커뮤니케이션 문제로 잘못 시공되는 경우가 종종 발생하기 때문이다. 단순히 돈을 많이 들인다고 해서 만족스러운 인테리어가 완성되는 것은 아니다. 2~3주 남짓 되는 공사 기간에는 애착을 가지고 정성을 쏟아야 비로소 마음에 드는 인테리어를 만날 수 있다.

참고할 만한
인테리어 앱 &
사이트

하우스앱
https://www.houseapp.co.kr
20~40대 여성들이 주로 활동하는 커뮤니티
커머스 인테리어 앱

오늘의집
https://ohou.se
원룸 또는 신혼집 등 비교적 젊은 연령층이
활동하는 인테리어 앱

셀프 인테리어 마이홈
https://cafe.naver.com/overseer
셀프 인테리어 팁을 많이 얻을 수 있는
네이버 카페

박목수의 열린견적서
https://cafe.naver.com/pcarpenter
다양한 업체의 견적을 한 번에 받을 수 있는
네이버 카페

셀프 인테리어 젠틀맨리그
https://cafe.naver.com/gentlemanleaguesi
셀프 인테리어에 특화된 공정별 업체를
찾아볼 수 있는 네이버 카페

하우즈
https://www.houzz.com
세계 최대 인테리어 포트폴리오를 가지고
있는 해외 인테리어 사이트

아파트먼트 테라피
https://www.apartmenttherapy.com
다양한 콘셉트와 공간의 인테리어를 볼 수
있는 해외 인테리어 사이트

셀프 인테리어에
도움이 되는 국내 유튜버

• 나르의 인테리어 NAR tv

• 셀프 인테리어 이폼

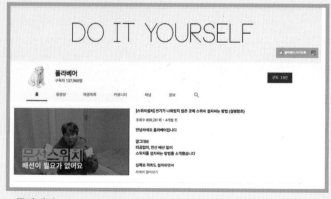

• 폴라베어

인테리어 소품
오프라인 숍 리스트

무인양품 MUJI

1980년에 설립된 일본의 생활용품, 의류, 가구, 학용품, 식품 브랜드. "매우 합리적인 공정을 통해 생산된 제품은 매우 간결합니다"라는 설립 목적에 맞게 화려하지 않으면서 실용성을 강조한 깔끔한 디자인이 특징이다.

자주 JAJU

신세계인터내셔날의 라이프스타일 브랜드. 한국인의 라이프스타일을 고려해 효율적으로 사용할 수 있는 가구 등을 선보인다. 심플한 디자인과 합리적인 가격이 특징이다.

헤이 HAY

2002년 론칭한 스칸디나비안 스타일을 계승한 덴마크 브랜드. 북유럽의 가구 디자인을 현대적인 감성으로 풀어내고 있으며, 심플함을 베이스로 기능과 심미성까지 고려한 제품이 많다. 독특한 색감을 선보이는 브랜드로도 유명하다.

에이치픽스 HPIX

국내 1세대 디자인 셀렉션 숍. 외국 디자인 브랜드 중 국내에 잘 알려지지 않은 브랜드를 발굴해 소개한다. 이곳에서 만날 수 있는 브랜드의 대다수는 다른 편집매장에 없는 단독 수입 브랜드다.

이케아 IKEA

35개국에 260여 개 매장을 가지고 있는 스웨덴의 DIY 인테리어 전문점. 가구부터 패브릭, 주방용품, 욕실용품, 문구류까지 생활용품에 관한 모든 것이 있다.

자라홈 ZARA HOME

스페인 생활용품 전문 브랜드. 테이블이나 욕실용품, 가구 및 식기류 등의 다양한 가정용품뿐 아니라 평상복과 캔들 및 방향제까지 생활에 필요한 다양한 제품군을 다루고 있다.

PART 1

취향에 맞게 알차게 꾸민
20평대 인테리어

아늑한 평수의 공간일수록

협소한 공간의 장벽을 넘어서는 도전 정신이 필요하지만,

아이디어를 더함에 따라 다채롭게 변하는 모습을 마주하는 짜릿한 재미가 있다.

숨은 공간을 발굴하고, 쓰임에 따라 배치를 바꾸고, 벽을 허물고…

저마다 독특한 방법으로 취향에 꼭 맞게 완성한

작지만 알찬 공간들을 소개한다.

갤러리를 닮은 미니멀 하우스,

행복을 담다

66㎡ ↔ 20평

김주태·황민주 부부의 신혼 아파트

식물로 아늑한 공간을 연출하기도 하고, 가구와 소품으로 집 분위기를 색다르게 바꾸다 보면 기분도 달라지게 마련이다. 취향에 따라 인테리어를 바꾸면 삶의 질도 자연스럽게 높아진다. 취향이 오롯이 반영된 공간에서 커피를 마시고 요가를 하는 등 소소한 일상이 더없이 행복하다는 부부의 집. 이곳에는 어떤 컬러의 행복이 있을까.

공간을 재배치해 만든 우리를 닮은 집

건축가인 김주태 씨와 미니모(MINIMO)라는 온라인 숍을 운영하는 황민주 씨는 신혼집의 콘셉트를 화이트 & 우드로 정하고 갤러리풍의 미니멀한 인테리어로 꾸몄다. 건축 설계를 하는 남편을 믿고 자신 있게 시작한 인테리어는 30년 된 오래된 아파트를 원하는 모습으로 디자인해 볼 수 있는 좋은 추억이 되었다. 부부는 머릿속으로만 꿈꾸던 공간이 눈앞에 펼쳐지자 어느새 고생했던 기억은 사라지고 행복한 감정만 남았다고 한다.

"저희는 공간의 원래 용도에 크게 신경 쓰지 않아요. 대부분 거실, 침실 등 정해진 구조에 맞춰서 집을 꾸미잖아요. 인테리어 공사는 한번 하면 오랫동안 바꾸기가 쉽지도 않고요. 각자의 생활 방식에 따라 공간의 쓰임을 정하는 것이 중요해요. 예술 분야에 종사하는 사람에게는 침실보다 작업실이 더 중요한 것처럼 기능과 디자인, 공간의 형태까지 모든 사람들의 니즈가 다르니까요. 자신의 취향과 가치관을 살릴 수 있는 인테리어에 도전해 보는 것이 좋아요."

부부는 침실을 거실로, 창고를 작업실로 과감하게 공간을 재배치했다. 곳곳에 그림을 배치하여 집을 예술 공간처럼 꾸몄고, 밝은 톤으로 개방감을 주고 우드 컬러로 따뜻한 느낌을 더했다. 하얀 벽의 차가운 느낌을 채도가 높은 컬러의 그림으로 중화하고, 포인트를 주고 싶은 부분에는 블랙 컬러로 리듬감을 더했다.

부부가 가장 신경 쓴 부분은 수납이다. 장식용 소품 이외의 물건들은 모두 보이지 않게 수납장에 넣고 그 위에는 소품을 진열했다. 가구나 소품도 밝은 톤으로 통일하고 생활용품들을 보이지 않게 수납하면 훨씬 더 넓어 보이는 효과가 있다. 여기에 채도가 선명한 소품으로 포인트를 주면 다채로운 분위기를 연출할 수 있다.

공간의 중심; 거실

Living Room

TV 대신 그림이 걸린 거실

원래 침실은 부부의 라이프스타일에 따라 거실로 바뀌었다. 태어난 운명을 아랑곳하지 않고 쓰임에 따라 과감하게 배치를 바꾸는 것이 부부의 스타일이다. 이것저것 벌려놓고 작업하기 편하도록 큰 테이블을 거실에 뒀다. 푸짐하게 한상 차려서 먹기에도 좋다. 침실이던 공간을 거실로 쓰기 위해서는 수납공간이 필수였다. 거실 한가운데 화이트 컬러의 원형 테이블을 두고, 주변에 우드 수납장을 더해 공간을 넉넉하게 사용하고 있다. 수납장 위에는 심플한 디자인의 작은 소품을 올려두고, 하얀 벽에는 그림 액자를 걸었다. 그림은 인테리어의 완성도를 높이는 훌륭한 아이템이다. 계절과 기분에 따라 자주 그림을 바꾼다. 그림을 고르다 보면 취향을 발견할 수 있고, 작품을 하나씩 모으는 재미도 있다. 집 앞을 산책하다 주운 나뭇가지도 멋진 소품이 된다. 뭔가를 꾸미고자 하는 욕심을 버리고 그저 무심한 듯 화병에 툭 꽂아두면 더욱 멋스러운 분위기가 연출된다. 부부의 집 거실에서 특이한 것이 하나 더 있다. 바로 TV가 없다는 것. 대화하는 시간을 TV에 뺏기고 싶지 않았기 때문이다. 처음에는 적응이 안 됐지만 지금은 전혀 불편하지 않다.

● POINT 1

부부가 찾던 바로 그 소파!

열심히 발품을 팔아가며 우여곡절 끝에 선택한 소파다. 앉을 때나 누울 때나 어떤 자세를 취해도 편안하고 포근할 것, 우리 집에 잘 어울리는 패브릭 소파일 것. 이 조건에 모두 합격점을 받아야 비로소 부부의 집에 입성할 수 있다. 지금의 소파는 컬러와 패브릭의 촉감, 질감, 모양까지 모두 합격점을 받았다.

● POINT 2

포근한 느낌의 러그

날씨가 추워지면 난로를 틀고 좌식 생활을 한다. 탁 트인 느낌을 좋아해 러그도 바닥 컬러와 비슷한 밝은 톤으로 선택했다. 포인트를 주고 싶을 때는 강한 컬러나 패턴의 디자인을 선택하는 것도 좋은 방법이다.

● POINT 3
공간의 분위기를 좌우하는 그림 액자
벽에 거는 방식이나 크기에 따라 느낌이 완전히 달라지는 것이 그림 액자다. 작은 사이즈의 그림을 여러 개 걸어두면 공간이 풍성한 느낌이 들고, 레이아웃에 따라 재미있는 연출도 가능하다. 큰 사이즈의 그림은 자체로 공간의 콘셉트가 되고, 갤러리처럼 시선을 모은다. 또한 액자를 바닥에 세워두면 예술 공간처럼 멋스러운 분위기를 연출할 수 있다.

● POINT 4
멋진 홈오피스의 탄생
청소 도구나 액자를 쌓아두고 창고처럼 쓰는 공간을 홈오피스로 바꿔보기로 했다. 용도에 맞게 테이블과 컴퓨터를 놓고 나니 휑한 벽이 삭막해 보여 이런저런 아이디어를 생각하다 선반을 설치하기로 했다. 선반을 설치하려면 콘크리트 벽을 드릴로 뚫어야 하는데, 이 작업은 경험이 있는 남편이 맡았다. 설치하는 과정에서 수평이 맞지 않고, 벽 속에 철근이 있어서 뚫리지 않는 등 우여곡절을 겪었다. 설치 과정은 힘겨웠지만 선반에 좋아하는 그림과 소품을 진열하니 볼 때마다 너무 만족스럽다.

Kitchen: 주방

목표는 오픈 키친!
소형 아파트이기에 오픈 키친을 가장 중요하게 생각했다. '벽을 허물고 오픈 키친을 만들자!' 이것이 부부의 미션이었다. '코지 화이트(Cosy White)'로 콘셉트를 잡고 전체적인 톤은 화이트, 포인트는 우드로 정했다. 가구를 들여놓기 전에 아일랜드 식탁의 상단 높이, 냉장고가 들어갈 공간의 너비 등 설계 도면대로 시공되었는지 꼼꼼히 체크해야 AS를 받을 때 서로 편하다.

● POINT 1

분위기를 환기시키는
철제 이케아 작업등
이케아에서 구입한 작업등을 주방에 설치해
색다른 느낌을 연출했다.

● POINT 2

이보다 더 실용적일 수는 없다! 나에게 맞춘 추가 수납 공간
수납공간을 확보하기 위해 선반을 추가로 시공했다. 원목 선반을 밝은 컬러로 통일하고, 그 위
에 좋아하는 그릇과 자주 사용하는 아이템을 올려두었다. 예쁜 그릇을 두기 딱 좋은 공간이다.
선반과 함께 행거도 설치했다. 수납장 손잡이에 맞춰 블랙으로 선택하고 행거의 고리까지 같
은 컬러로 통일했다. 주방 집기 하나 꺼내려면 다른 식기들까지 쏟아지고 엎어지곤 했는데, 행
거를 설치하니 그럴 일이 없어 정말 편리하다.

Bedroom: 침실

아늑하고 감각적인 침실

침대 하나를 놓으면 꽉 차는 좁은 방이지만 인테리어 감각을 조금만 첨가하면 다양한 분위기를 낼 수 있다. 풍수 인테리어 자료를 보니 침실에는 핑크 컬러의 소품이 좋다고 해서 핑크 컬러의 그림을 걸고 침구는 튀지 않게 화이트로 맞췄다. 저녁이 되면 좋아하는 향이 나는 캔들을 태우면서 휴식의 시간을 보낸다. 좋은 것을 보는 것만큼 좋은 향기를 맡는 것이 큰 위안이 된다. 부부는 좁은 공간에 생기를 불어넣을 아이템으로 조명과 액자를 선택했다. 매일 아침 좋아하는 그림을 보며 편안하고 은은한 기분으로 하루를 시작한다.

 POINT 1

흰 도화지 같은 화이트 침구

화이트 베딩의 장점은 패턴이나 패브릭을 살짝만 바꿔도 포인트가
되며, 침실의 분위기를 바꿀 수 있다는 것이다.

● **POINT 2**

가슴에 새긴 문구를 담은 액자

침대 맞은편 벽에는 색감이 고운 핑크색 액자를 걸었다. 부부가 좋아
하는 문구인 'La vita e bella'(인생은 아름답다)가 적혀 있는데, 이탈리
아 영화 〈인생은 아름다워〉를 보고 깊은 감명을 받아 늘 이 문구를 가
슴에 지니게 되었다.

Bathroom: 욕실

건식과 습식으로 분리된 쾌적한 욕실

욕실은 건식과 습식 공간을 나눠서 사용한다. 좁은 공간이지만 공간을 분리하니 거울에 김이 서릴 일도 없다. 건식으로 분리된 공간은 곰팡이가 잘 슬지 않고 청소하기도 쉬워서 수납장이나 세면대 주변을 깨끗하게 유지할 수 있다. 욕조를 없애고 샤워부스를 설치하니, 물이 튀는 것도 방지하고 공간도 넉넉해서 샤워하기에 편하다. 샤워부스 뒤편에는 수건을 수납할 수 있도록 나무 바구니를 걸어두었다. 바구니 위에 환풍기가 있어서 3년 동안 한 번도 수건이 눅눅해진 적이 없다. 공사를 하기 전에는 욕실에 수납공간이 거의 없어서 모든 물건이 밖으로 나와 있었다. 인테리어를 계획할 때 '수납공간을 많이 확보할 것'이 첫 번째 목표였다. 지금의 욕실은 거의 모든 벽면에 수납공간을 두었다.

● POINT 1

편리한 미니 화장대

피부가 건조한 편이라서 샤워하고 곧바로 로션을 발라야 한다. 욕실에 미니 화장대를 만들어 필요한 제품들을 올려두고 편하게 사용한다.

● POINT 2

건식 공간에 놓인 화이트 세면대

세면대 하부장은 MDF 소재이다. 습기에 강한 자재는 아니지만 건식으로 분리된 공간이기 때문에 깨끗하게 유지할 수 있다. 욕실 청소는 건식, 습식에 관계없이 자주 꼼꼼하게 해주어야 물때가 끼지 않는다. 건식이라고 해서 방심하지 않고 틈나는 대로 자주 청소를 한다.

Veranda: 베란다

꼭 필요했던 공간

수납과 빨래를 해결하는 데 베란다와 창고가 꼭 필요했다. 요즘은 베란다를 없애고 거실을 넓게 사용하는 경우가 많지만, 부부는 베란다를 포기할 수 없었다. 베란다의 장점은 그뿐만이 아니다. 외부 창과 내부 창 사이에 공기층이 생겨 단열에도 효과가 있다. 작은 화단을 만들어두니 거실에서 감상하는 재미도 있다. 오래된 섀시를 깨끗하고 밝은 느낌의 이중창으로 교체하는 것만으로도 베란다의 느낌이 확 바뀌었다. 창고 역시 리폼을 하니 마음에 드는 공간이 되었다.

Entrance: 현관

비밀을 품은 공간

현관문을 열면 길게 펼쳐진 복도가 눈에 들어온다. 1990년대 지어진 대부분의 19평 아파트에는 현관에서 거실로 이어지는 복도가 있다. 좁은 공간에 그 많은 살림살이를 어떻게 보관하는지 궁금해하는 분들이 많았는데, 비밀은 복도에 있다. 복도에 붙박이장을 설치한 것! 너무 좁지 않을까 걱정했는데, 문을 열어두어도 2명 정도는 거뜬히 지나갈 수 있다. 옷과 이불은 물론 소소한 살림살이들을 모두 이곳에 수납하니 집이 깔끔하고 더 넓어 보인다.

기존의 것에
새것을 더해 만든

근사한 공간

72㎡ ↔ 22평

정두환·강재은 부부가 사는 아파트

어릴 적 살고 싶은 집을 그려보라고 하면 하얀 스케치
북을 앞에 두고 머릿속이 하얘졌던 기억들이 있을 것이
다. 단지 그림일 뿐인데도 선 하나를 긋기가 한없이 조
심스러운데, 어른이 되어 내가 살 집을 꾸밀 때는 머릿
속이 얼마나 복잡해질까. 인테리어를 직업으로 삼고 있
으면서도 자신의 공간에 대해 처음으로 치열하게 고민
하게 되었다는 아내 강재은 씨와 하나부터 열까지 의견
을 보탠 열혈 남편 정두환 씨가 함께 완성한 신혼집을
들여다보자.

특별해서 행복하고,
행복해서 특별한 공간

2018년 3월에 결혼한 부부는 신혼집 인테리어를 두고 많은 고민을 했다.

"내 집을 직접 디자인하고 싶은 로망 때문에 인테리어를 전공했는데, 막상 직업이 되니 내 방조차 신경 쓸 겨를이 없었어요. 처음으로 내 공간, 그것도 신혼집 인테리어를 숙제로 받아 들고 얼마나 많은 고민을 했는지 몰라요."

다행히 아내 강재은 씨 곁에는 천군만마보다 든든한 남편이 있었다. 남편 정두환 씨도 평소 집이라는 공간에 대한 로망이 컸던 터라 인테리어에 대해 소소한 부분까지 의견을 보탰다. 덕분에 부부는 함께 고민하며 순탄하게 숙제를 끝마쳤다.

신축 아파트에 첫 입주를 하게 된 부부는 아늑하면서도 근사한 공간을 바랐다. 여러 차례 대화 끝에 기존 인테리어에서 신혼집 콘셉트에 어울리지 않는 것만 덜어내고, 그 자리에 부부의 감각을 더하는 부분 공사를 하기로 결정했다.

부부의 신혼집 콘셉트는 모던하면서도 아늑한 집, 그리고 부부의 생기발랄함이 스며든 집이었다. 이러한 콘셉트에 맞게 밝은 바닥과 거실의 아트월은 그대로 두고, 여기에 어울리는 마감재 보드를 정했다. 주방의 타일과 도배, 방문 컬러를 바꾸는 시공도 했다. 아내 강재은 씨가 전공을 십분 살려 도면을 그렸고, 가구나 소소한 소품 하나도 치수를 재고 도면에 합성해 보면서 신중하게 선택했다.

부부의 첫 공간은 여행을 가고 싶은 생각이 들지 않을 만큼, 퇴근하고 집으로 놀러 오는 느낌이 들 만큼 부부에게 특별해서 행복하고, 행복해서 특별하다. 전구 하나, 계절이 바뀔 때마다 거실 벽에 걸어둘 액자까지 함께 고르면서 집 안 가득 따스한 기운이 채워져서일까. 근사함을 넘어서서 반짝반짝 빛이 나는 인테리어다.

"계절의 풍경을 창 너머로 맞이하는 순간까지 소중하고 정이 가요. 다른 사람의 집을 인테리어할 때도 행복을 느꼈지만, 내 집을 꾸미고 나서 집이 주는 행복에 더욱 감사하게 되었어요. 남편과 함께 고민해서 만든 공간을 앞으로도 잘 가꿔나가고 싶어요."

부부의 집 꾸미기는 현재진행형이다. 계절에 따라, 세월에 따라, 추억의 깊이에 따라 앞으로 더 근사하게 변화될 정두환·강재은 부부의 신혼집이 기대된다. 기존의 것에 새로운 것을 더해 완성한 신혼집처럼 각자의 매력에 서로의 매력을 더해 더 근사한 부부로 성장해 갈 것이다. 이 집에서 오래도록 부부다운 모습을 지켜가며 즐거운 이야기들을 만들어가기를 바란다.

공간의 중심; 거실

Living Room

오래 머물고 싶은 거실

거실 역시 모던함의 정석이다. 거실에 놓인 모든 것들이 군더더기 없이 깔끔하다. 돋보이려고 하는 과함이나 화려함이 없어 더 눈길이 가는 세련된 아우라가 있다. 이런 모던한 분위기에 큰 역할을 한 아트월은 입주 때 있던 그대로다. 부부가 생각했던 인테리어 콘셉트에 찰떡같이 어울리는 아트월은 이 집을 선택하게 된 이유 중 하나였을 만큼 부부의 마음에 쏙 들었다. 베이직한 아트월이 시선을 끄는 넓은 거실에 놓인 가구와 소품들은 마치 이 공간을 위해 만들어진 듯 딱 들어맞는 느낌이다. 작은 소품 하나도 치수를 재며 고르고, 쿠션 하나를 고를 때도 포토샵으로 소파 이미지 위에 쿠션 이미지를 올려보는 치밀함과 정성을 쏟은 결과이다. '꼭꼭 숨어라. 전선 보일라', 부부는 모던한 거실에 전선 하나도 허락하지 않았다. 셋톱박스와 전선은 모두 보이지 않게 TV 뒤에 숨겼다.

이렇게 심플한 거실에 포근함이 감도는 것은 무엇 때문일까. 따뜻한 오트밀 컬러의 소파와 그 위에 놓은 초록색 쿠션, 계절별로 달라지는 액자와 은은한 조명, 거기에 창밖의 전망이 분위기를 담당하고 있다. 전체를 모던하게 꾸미고, 디테일로 따스함을 보완한 부부의 지혜가 그 어떤 호텔 부럽지 않은 거실을 만들어냈다.

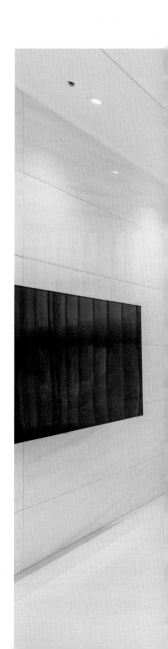

● POINT 1
포근함에 포인트를 더한 소파
오랜 시간 고민 끝에 내린 부부의 선택은 바이헤
이데이(BYHEYDEY) 제품. 슬림하고 군더더기 없는
디자인에 따뜻한 오트밀 컬러로 포근한 느낌이 드
는 소파다. 소파 위에는 초록색 쿠션을 두어 화사
함과 발랄함을 연출했다.

● POINT 2
실용적인 대리석 테이블
거실 가운데 놓인 천연 대리석 테이블은 르마블(LE MARBLE) 제품으로 식
탁과 동일하게 맞췄다. 사이즈도 넉넉해 거실에서 간단한 식사를 하거나
간식을 먹기에 매우 유용하다.

● POINT 3
계절별로 달라지는 액자
거실 한편에 있는 액자는 계절이 바뀔 때마다 달라진다. 이사할 때부터 액
자를 염두에 두고, 벽 양끝에 노란 조명을 설치해 전시 공간처럼 연출했다.
액자와 노란 조명, 백색 등이 어우러져 거실이 한층 더 아늑하다.

Kitchen: 주방

보기도 쓰기도 좋은 화이트 주방

기존의 주방은 천장 조명과 'ㄷ' 자형 구조는 만족스러웠지만, 타일과 창문 프레임 등 그대로 사용하기 곤란한 부분도 있었다. 화이트 컬러의 상·하부장은 그대로 두고 타일을 바꾸기로 결정했다. 스트라이프 패턴의 기존 타일을 화이트 대리석 무늬로 바꾸고, 세로 각으로 덧방 시공하여 다른 공간과 조화를 이뤘다. 'ㄷ' 자형 구조의 주방은 음식 준비부터 플레이팅까지 동선이 자연스럽게 이어질 수 있는 구조여서 아주 편리하다.

● POINT 2

존재감을 내뿜는 주방 조명

독특한 디자인이 마음에 들어서 구매한 공
간조명 제품으로 대리석 테이블과 잘 어울
린다.

● POINT 1

주방에 포인트가 되는 화사한 테이블

화사하면서도 깔끔한 디자인의 식탁을 찾던 끝에 발견한 원형 테이블. 화이트 대리석의 원형
상판과 골드 컬러의 조합이 깔끔하다. 특히 원형 식탁은 보노디자인 제품으로 여럿이 둘러앉
기도 좋아 공간 활용에 효과적이다.

Bedroom: 침실

러블리한 침실

은은한 분홍빛 침실에는 사랑의 기운이 가득하다. 입주 때부터 있던 분홍색 벽지를 그대로 두고 화이트 컬러와 골드 컬러를 더해 사랑스러운 침실을 완성했다. 심플하고 감각적인 조명을 설치하고, 코너마다 부분 조명을 설치하는 디테일을 더하니 침실이 더욱 아늑하다.

● **POINT 1**

튀지도, 밋밋하지도 않은 침대

침대 프레임은 채도가 낮은 인디핑크 컬러를 선택하고, 편하게 사용하기 위해 프레임 바닥 공간 없이 제작했다. 여기에 골드 라인이 들어간 호텔식 화이트 베딩을 매칭하니 근사한 공간에 머무는 느낌이 든다.

● **POINT 2**

포근한 커튼

침실 창은 밝은 베이지 컬러의 커튼으로 통일해 비교적 좁은 침실의 답답함을 보완하고 포근한 느낌을 더했다.

● POINT 3

고급스러운 붙박이장

붙박이장을 맞출 때 마감재 보드를 중심으로 컬러를 선택했기 때문에 화이트 컬러가 아닌 연한 브라운 컬러로 정했는데, 결과적으로 밋밋해 보이지 않아서 만족스럽다.

● POINT 4

성공적 조합의 결과물, 화장대

의심의 여지 없이 세트처럼 보이는 화장대이지만, 사실은 거울과 스툴을 따로 사서 조합한 것이다. 마음에 드는 것들이 세트처럼 잘 어울려 단 하나뿐인 그럴싸한 화장대가 완성되었다.

Dressing room: 드레스룸

심플함에 위트를 더한 드레스룸

드레스룸은 거실, 침실과 마찬가지로 포근하면서도 깔끔한 분위기다. 가구는 화이트 컬러로 통일하고, 바닥에 따스한 느낌의 러그를 깔아 화이트 컬러의 차가운 느낌을 완화했다. 독특한 디자인의 조명은 밋밋할 수 있는 공간에 재미를 주는 역할을 톡톡히 하고 있다.

● POINT 1

분위기 담당, 깃털 조명
독특한 디자인의 조명은 이스페이스 (e-space) 제품으로, 드레스룸의 전체 분위기에 큰 역할을 하고 있다.

● POINT 2

심플한 간이 행거
겨울 외투를 바로 걸 수 있도록 간이 행거를 두었다. 튀지 않고 군더더기 없는 심플한 디자인에 컬러도 화이트로 맞췄다.

● POINT 3

하나뿐인 맞춤 서랍장
크기와 컬러, 디자인까지 모든 것이 딱 마음에 드는 제품을 찾을 수 없어서 직접 공장에 의뢰해 부부가 생각했던 드레스룸에 딱 맞는 서랍장을 제작했다.

Entrance: 현관

깨끗한 첫인상의 현관

사람과 마찬가지로 집도 첫인상이 중요하다. 깨끗한 첫인상을 위해
현관은 화이트 컬러를 선택했다. 현관 바닥의 대리석 타일에 맞춰 마
블 톤의 인테리어 필름을 덧대니 모던하게 변모했다.

● POINT 1

추억이 반겨주는 공간

현관을 열고 들어오면 가장 먼저 보이는 디스플레이 공간. 기존의 우드에 필름을 덧대고 여행
지의 추억을 떠올릴 수 있는 기념품을 진열하니, 집에 들어올 때마다 미소가 지어지는 행복한
공간이 완성되었다.

Bathroom: 욕실

군더더기 없는 깔끔한 욕실

욕실은 부분 시공을 하지 않아도 될 만큼 컬러와 마감이 전체적으로
흠잡을 데 없었기에 깔끔한 제품들로 욕실을 채우는 데만 신경 썼다.

79m² ↔ 24평

유형국·황지현 부부와
강아지 따구가 함께 사는 아파트

여행지에서 아무리 고급스러운 호텔에 묵어도 집이 더
편하게 느껴지는 것은 가족에게 꼭 맞는 공간이 주는
안정감 때문일 것이다. 아내가 좋아하는 가구로 채워지
고, 남편이 편안함을 느끼는 조도로 맞춰진 공간, 그리
고 강아지 따구가 뛰어다니기 편한 바닥. 가족에 대한
사랑으로 만들어진 유형국·황지현 부부의 집은 심플한
인테리어에도 특별하게 반짝인다.

살수록 사랑이 더욱 깊어지다

"기능적인 완벽함을 떠나서 가족이 모이는 행복한 곳이기에 우리 집이 정말 소중하게 느껴져요. 모든 게 완벽해도 남편과 따구가 없다면 무슨 의미가 있겠어요."

아내 황지현 씨와의 짧은 대화에서 가족에 대한 깊은 사랑이 느껴진다.

가족과 함께하는 지금의 집을 만난 것은 4년 전이다. 운명적으로 끌렸다거나 처음부터 한눈에 반해 선택한 집은 아니었다. 16년 된 복도식 아파트로 한 층에 두 집 밖에 없어서 좋기는 했지만 집 구조가 마음에 들지 않았다. 하지만 모아둔 자금 내에서 어떻게든 집을 마련해야 했고, 부부 모두 2호선을 타고 출퇴근을 해야 했기에 고민 끝에 결정하게 되었다.

아내 황지현 씨는 집 전체를 새로 단장하고 싶었고, 남편 유형국 씨는 장판과 벽지만 바꾸고 싶었다. 여러 차례의 대화 끝에 아내의 의견을 따르기로 결정하면서 새 인테리어의 여정이 시작되었다. 황지현 씨는 고향을 떠나 서울에 온 이후로 줄곧 원룸에 살았기 때문에 넓은 집의 인테리어는 시작부터 막막했다. 그래서 국내외 관련 잡지도 많이 보고, 가구점을 돌아다니며 조금씩 방향을 잡아나갔다. 다행히 실내건축을 전공하고 5년 정도 전시 디자이너로 일한 경험이 있었기에 발품을 팔수록 감각은 되살아났다.

사실 황지현 씨는 '달달말킷'이라는 소품 마켓을 운영할 정도로 공간에 대한 애정과 가구, 소품에 관심이 많다. 집 전체를 새로 꾸미기로 결정한 것은 어쩌면 무모한 도전이 아니라 평소의 본능적 관심에서 비롯된 것인지도 모른다.

부부의 집 인테리어 키워드는 '모던'과 '북유럽'이다. 쿨 그레이 컬러와 베이지 컬러 중 고민한 끝에 차갑지만 깔끔하고 정갈한 느낌이 드는 그레이 톤을 메인 컬러로 정하고 소품들을 채워나갔다.

시공은 전문가에게 맡겼다. 자취할 때 페인트칠을 직접 해봤지만 돈은 돈대로 들면서도 만족스럽지 않았던 경험을 하고 나니 전문가에게 맡기는 것이 진리라고 생각했다.

대신 황지현 씨는 각자의 취향과 필요에 맞춰 가족에게 꼭 맞는 공간을 만들기 위해 시공을 직접 핸들링하기로 했다. 예전부터 눈독 들이던 조명과 스피커, 가구들로 채우니 부부와 따구를 위한 공간이 완성되었다.

집 안 구석구석 가족을 위한 배려와 애정이 묻어 있어서일까. 부부는 소란스러운 카페보다 집에서 커피 마시는 것을 즐기고, 검증되지 않은 맛집에 실망하느니 맛있는 음식을 직접 만들어 먹는 것을 좋아한다. 집을 너무 좋아하는 부부는 이런 말까지 한다. "여행 사흘째만 되면 어김없이 집에 가고 싶어져요!" 집이 얼마나 좋으면 그럴까. 부부의 몸과 마음을 붙잡고 있는 집의 매력을 들여다보자.

공간의 중심; 거실

Living Room

● POINT 1

뜨거운 햇빛을 막아주는 이중 커튼

서향 집은 시간대에 따라 햇빛이 지나치게 많이 드는 때가 있다. 햇빛
이 이글거리는 시간을 대비해 커튼을 이중으로 만들었다.

● POINT 2

따구에 대한 사랑이 담긴 거실 바닥

포슬린 타일로 마감한 거실 바닥. 미끄럽지 않은 감촉이 만족스럽다.
단색 타일이 주는 심심함은 소파와 조명 등으로 포인트를 주어 해결
했다.

● POINT 3

카멜레온 같은 소파

소파는 오블리크 테이블(Oblique Table) 제품으로 커버 교체가 가능
하다는 점이 매력이다. 계절과 기분에 따라 원하는 컬러로 바꿔가며
사용한다.

생활에 따라 채워지고 비워지는 변화무쌍한 거실

부부가 사는 집은 방이 넓고 거실이 좁은 옛날 아파트 구조다. 하지만 좁은 공간이라는 단점은 부부의 손길을 거쳐 작아서 더 아늑하고 오붓한 공간으로 변모했다. 거실의 변신은 지금도 진행 중이다. 2~3개월에 한 번씩 가구 배치를 바꾸며, 생활의 변화에 따라 채워지고 비워진다. TV 소리 대신 대화로 채워지는 거실은 집에서 가장 많은 이야기를 담고 있는 공간이다.

거실 바닥에 포슬린 타일을 깐 것은 온전히 따구를 위한 선택이었다. 따구가 배변 실수를 하면 마룻바닥은 냄새가 쉽게 스며들고 들뜰 수도 있다. 미끄러워서 관절에도 좋지 않다. 포슬린 타일은 봄가을에 바닥이 차갑고, 일반 마루 시공보다 2~3배 비싼(당시 평당 3만 5천 원 정도) 단점이 있지만, 따구의 관절에 무리가 가지 않고 여름에는 시원하다.

공간이 좁은 집에는 수납이 숙제처럼 따라오게 마련이다. 부부가 선택한 답은 USM 모듈러 시스템 제품이다. 스테인리스의 무거운 주방 기구를 가득 넣어도 휘어짐이 없을 만큼 튼튼하다. 더구나 화이트 컬러인데도 색 바램이 없어 언제든 다른 유닛을 조합해도 오래된 것과 새것의 차이가 나지 않는다.

안쪽엔 소파, 그 맞은편엔 TV가 놓인, 가장 기본적인 배치이지만 집에 대해 알아감에 따라, 생활에 따라, 계절에 따라, 관심사에 따라 크고 작은 변화를 겪어온 거실. 부부만의 오롯한 공간이기에 변화할 때마다 즐거움이 가득하다. 즐거운 도전이 만들어낼 거실의 또 다른 얼굴이 궁금해진다.

● **POINT 4**
조심스럽게 다뤄야 하는 아름다운 스탠드
거실에는 조용히 존재감을 내뿜는 또 하나의 물건이 있다. 알파 테이블 램프가 그것이다. 아름다운 것은 예민하다 했던가. 이 램프는 유리 갓으로 되어 있어 사용에 주의가 필요하다.

● POINT 5
아름다운 수납을 실현하는 스토리지 보드
화이트 벽에 튀지 않으면서도 포인트 역할을 톡톡
히 하고 있는 스토리지 보드는 비트라(Vitra) 제품
이다. 작은 물건을 잃어버릴 확률을 줄여주고 아
름다운 수납이 가능하다.

● POINT 6
후회는 없고 만족만 있는 최고의 수납장
USM 모듈러 시스템 제품이다. 비싼 가격이 흠이지만 사용할수록 제대로
만들어진 제품이라는 생각이 든다.

● **POINT 7**

유니크한 조명

거실 벽면에 걸린 조명은 공간에 재미를 더하는
클래식하면서도 유니크한 디자인으로 르클린트
(LE KLINT) 제품이다.

● **POINT 8**

힘겹게 만난 블루투스 스피커

거실 한편에 위풍당당하게 서 있는 심플한 디자인의 스피커는 모델 M
(Model M)의 블루투스 스피커로 남편과 싸워서 쟁취한 것이다.

Kitchen: 주방

지금의 주방은 노력의 결실

원래는 거실과 주방이 연결된 일자형 구조였다. 요리를 좋아하는 아내 황지현 씨는 주방을 분리할 필요가 있다고 생각했고, 원룸에 살 때부터 꿈꿨던 'ㄷ' 자형 주방을 갖고 싶었다. 수많은 자료를 찾아보고, 여러 가구점을 돌아다니고, 가구 공장까지 찾아간 끝에 지금의 주방이 완성되었다.

● POINT 1
무엇과도 잘 어울리는 화이트 테이블
남편 유형국 씨에게 생일 선물로 받은 테이블은 프리츠 한센(Fritz Hansen) 제품이다. 따구가 흙을 먹을까 봐 화분도 두지 않는데, 집이 차갑게 느껴질 때는 테이블 위에 가끔 꽃을 놓아둔다. 화이트 컬러의 테이블은 어떤 컬러의 꽃과도 잘 어울린다.

● POINT 2
꿈에 그리던 'ㄷ' 자형 주방
주방은 아내 황지현 씨가 가장 많이 사용하는 공간이다. 그리고 옷장 다음으로 많은 살림을 수납하는 곳이다. 공간이 넓고 동선이 편리해야 한다는 생각에 기존의 주방보다 더 크게 리모델링했다.

● POINT 3

드디어 주방에 입성한 조명

주방 등은 독일 빈티지 사이트에서 구입한
루이스 폴센(Louis Poulsen) PH 4/3 펜던
트 램프다. 평소 정말 갖고 싶었던 조명이었
기에 고가에도 아무런 고민 없이 바로 샀다.
모니터를 오래 보는 직업 탓에 눈이 예민한
데 이 조명은 갓이 빛을 부드럽게 분산한다.

● POINT 5

청소가 쉬워야 최고의 타일

요리, 특히 부부가 좋아하는 매운 볶음 요리를 하다 보면 고추기름이
튀어 청소하기 번거로울 때가 많다. 작은 타일은 닦아내기 불편할 수
있어 어두운 색의 큰 타일로 선택했다.

● POINT 4

제품이 아닌 작품인 식기

식기는 직접 디자인한 것으로 최정호 작가
의 손에 의해 만들어진 하나뿐인 작품이다.
유명한 작가의 작품을 많은 사람들에게 알
리고 싶은 욕심에 운영 중인 '달달말킷'에서
판매하고 있다.

● POINT 6

마음에 쏙 드는 맞춤 수납장

수납에 신경을 많이 쓴 만큼 을지로부터 가구 공장까지 부지런히 발
품을 판 끝에 맞춘 제품이다.

Bedroom: 침실

기분에 따라 변신하는 침실

침실도 거실처럼 여러 번 분위기가 바뀌었다. 인더스트리얼과 북유럽 사이 어디쯤의 방일 때도 있었고, 지금은 조금 더 포근한 분위기로 꾸몄다. 낮은 우드 프레임 침대로 바꾸자 한옥 느낌이 들어서 그에 맞춰 내추럴한 소품을 추가했다.

● POINT 1

남편도 따구도 만족한
낮은 우드 프레임

침대 프레임은 팔레트로 변화를 줬다. 허리가 좋지 않은 남편이 결혼 전부터 갖고 싶어 하던 템퍼 매트리스를 샀는데, 기존의 침대 프레임과 사이즈가 맞지 않았다. 그래서 매트리스 사이즈에 크게 영향을 받지 않는 팔레트 형식의 프레임을 선택했다. 낮은 우드 프레임이라 내추럴한 느낌이 들고, 한살 한살 먹어가는 따구도 편하게 침대에 오르내릴 수 있다.

● POINT 2

좋은 가격, 좋은 제품

협탁은 저렴한 가격으로 가성비가 뛰어난 이케아 제품이다.

● POINT 3

공간이 넓어 보이는 지혜, 타일

침실 바닥의 타일은 거실과 이어지도록 통일감을 주었다. 거실과 침실의 타일을 통일하니 공간이 넓어 보이는 효과가 있다.

● POINT 4

임팩트 있는 공간의 완성은 조명

침실 천장등은 조지 넬슨이 디자인한 허먼 밀러(Herman Miller) 버블 램프로 오래전부터 갖고 싶었던 제품이다. 가벼운 스틸 프레임으로 디자인은 간결하지만 공간에 임팩트를 준다.

● POINT 5

자투리의 멋진 변신

서재의 스트링 시스템 책장을 분해하고 남은 것을 활용하여 매거진 랙처럼 침실에 선반을 만들었다.

Study room: 서재

우리의 공간, 서로의 공간
서재 한쪽은 남편 유형국 씨의 공간, 다른 한쪽은 아내 황지현 씨의
공간이다. 하나의 공간을 나눠 따로 또 같이 사용하고 있다.

● POINT 1

필요에 따른 가구의 이동
거실에 있던 원형 테이블을 옮겨 왔다.

● POINT 2
남편을 위한 배려가 담긴 벽지
남편 유형국 씨는 게임 캐릭터를 개발하는 일을 한다. 주로 컴퓨터 작업을 하는 데는 하얀 벽지보다 까만 벽지가 좋을 것 같아 선택했다.

● POINT 3
실용성에 중점을 둔 책장
책장은 스웨덴의 대표 가구 브랜드 스트링 (String)의 스트링 시스템으로 높낮이 조절이 쉬워서 편리하다.

Dressing room: 드레스룸

심플함과 화려함이 조화를 이루는 드레스룸

드레스룸은 딱 맞게 짜인 군더더기 없는 붙박이장과 과하지 않은 사이즈의 화장대로 심플하게 꾸몄다. 천장에 걸린 화려한 등은 자칫 심심해 보일 수 있는 공간에 포인트를 주기에 충분하다.

● POINT 2
북유럽 감성이 깃든 거울

화장대와 세트인 둥근 거울은 북유럽 스타일의 헤이(HAY) 브랜드 제품이다.

● POINT 1
칸칸이 깔끔하게 수납하는 붙박이장

행거는 옷을 자꾸 걸쳐두게 되고 옷 무게 때문에 내려앉기도 한다. 원룸에 살 때 행거의 단점을 경험했기에 이번에는 붙박이장을 설치하기로 하고 을지로에서 발품을 팔며 골랐다.

● POINT 3
사용자에 맞춘 화장대

화장대는 직접 제작했다. 평소에 선 채로 빨리 화장하는 편이기도 하고, 좁은 드레스룸에 의자까지 두면 복잡할 것 같아 의자 대신 수납공간을 두었다.

Entrance: 현관

시크하고 도시적인 현관

현관에서 가장 큰 변화는 중문이 생긴 것이다. 따구의 목소리가 집 밖을 넘어서는 것을 방지하기 위한 필수 요소이기도 하고, 집 안과 현관을 분리하기 위함이었다. 쿨 그레이 컬러 덕분에 기능성과 디자인을 모두 만족하는 시크하고 도시적인 현관이 완성되었다.

● POINT 1

시각적 답답함이 적은 여닫이문
부부가 리모델링을 할 때만 해도 대개 중문은 미닫이문으로 설치했다. 하지만 부부는 좁은 현관 입구를 세로로 쪼개는 미닫이문은 시각적으로 답답함을 주어서 싫었다. 그래서 약간의 불편을 감수하고 미관상 좋은 여닫이문을 선택했다.

● POINT 2

깨끗한 공간의 필수품은 수납장
어느 공간이든 많으면 많을수록 좋은 것이 수납장이다. 현관에도 최대한 많이 수납할 수 있도록 부부의 쓰임에 맞게 수납장을 맞춤 제작했다.

● POINT 3

눈을 사로잡는 화려한 타일
문을 열고 집 안으로 들어왔을 때 가장 먼저 눈에 들어오는 공간인 만큼 현관 타일은 조금 과감한 스타일로 선택했다. 주방, 욕실, 현관 타일 모두 윤현상재의 제품을 선택했다.

Bathroom: 욕실

바닥과 벽 타일이 똑같은 욕실

보통 욕실은 바닥과 벽을 다른 종류의 타일로 시공하거나 같은 종류라도 다른 컬러를 사용하는데, 부부는 타일의 줄눈이 같이 타고 올라가는 느낌이 좋아서 종류와 컬러 모두 동일한 것으로 시공했다.

마음을두드린집에살다

79㎡ ↔ 24평

전준범·유지은 부부와
아들 태호가 함께 사는 아파트

작은 블로그 마켓을 운영하며 두 돌 된 아들을 키우고
있는 유지은 씨와 일간지 기자인 전준범 씨는 언제 올
지 모르는 미래의 행복이 아닌, 명확한 오늘의 행복 속
에 살고 있다. 진짜 행복이 무엇인지 아는 멋진 부부가
선택한 집. 부부의 손길로 변화의 과정을 거친 집의 모
습을 들여다보자.

부부의 마음을 두드린
고즈넉한 아파트

부부는 결혼한 지 4년 만에 세 번째 이사를 했다. 짐을 싸고 푸는 일을 반복하면서 자신들이 진짜 원하는 동네 스타일을 명확히 알게 되었다.

"남편이 글을 쓰는 일을 하고 있기 때문에 높은 건물이 즐비한 곳보다 회사와 그리 멀지 않은 고즈넉한 분위기의 동네를 원했어요."

여러 곳을 알아보던 중 아들과 가정용 풀장을 펼쳐놓고 물놀이를 신나게 할 수 있을 만한 크기의 멋진 테라스가 있는 집을 발견했다. 부부가 원했던 동네 분위기이기도 했다. 더 고민할 필요 없이 집을 본 그날 바로 매수를 결정했다. 부부가 지금의 집을 사기로 결정했을 때 주변 사람들은 '학군을 생각해야지. 낭만 타령만 하다가 굶어 죽는다. 집값이 오를 만한 곳으로 가야지' 등등 걱정을 늘어놓았다. 부부도 부동산에 대한 보편적인 논리 앞에 흔들린 적도 있지만 결국은 '지금 행복한 길'을 택했다. 그것이 바로 지금의 집이다.

언제 올지 모르는 미래를 위해 현재를 포기하지 않는 용기를 가진 부부. 지금 한창 걷고 뛰는 재미를 느끼는 아이가 마음껏 즐길 수 있는 환경을 만들어주고 싶은 마음 따뜻한 부부. 단순하고 명확한 행복을 따라 매일을 즐겁게 살고 있는 부부의 마음을 두드린 집은 어떤 모습일까.

공간의 중심;
주방

Kitchen

● POINT 1

상부장이 사라진 주방

상부장 없는 주방. 드디어 그 로망이 실현되었다! 화이트 컬러의 타일에 역시 화이트 컬러의 선반을 설치하고 컵과 소품을 올려 깔끔한 주방을 완성했다.

꿈꾸던 주방의 탄생

주방 역시 고칠 곳이 많았다. 요리할 공간이 부족한 것은 물론 냉장고를 둘 자리도 애매했다. 오래된 상부장과 하부장, 타일까지 그냥 둘 만한 것이 거의 없었다. 기존 주방에서 마음에 든 것은 딱 하나, 창문이었다. 베란다로 이어지는 벽 위쪽에 큰 창문이 있는데, 그 너머로 보이는 풍경이 너무 예뻤다. 창문을 큰 액자처럼 연출해 보자는 남편의 의견에 따라 통유리 고정 창문을 설치했다. 여름이 되면 푸르른 목련 나무가 주방에 싱그러운 기운을 전하고, 가을이 되면 멋진 와인색으로, 겨울에는 하얀색으로 주방 분위기를 바꾼다. 목련 나무만으로 사계절을 느낄 수 있어 마음 설레는 주방이다. 상부장이 없을 것, 액자 같은 창문을 둘 것 등 부부의 의견이 100퍼센트 반영되고, 인덕션을 아일랜드 식탁으로 옮겨 요리 공간까지 넓어지니 더할 나위 없이 만족스러운 주방이 탄생했다.

 POINT 2

소통이 가능한 주방

인덕션을 아일랜드 식탁에 설치하니 거실을 보며 요리할 수 있다. 혼자 소외된 기분으로 주방에 있지 않아도 되니 식사를 준비하는 시간이 한층 더 즐겁다.

● POINT 3

수납의 여왕

상부장을 없애고 나니 좁은 공간에 그릇과 살림을 수납하는 것이 숙제였다. 고민 끝에 냉장고 앞과 옆을 비롯해 주방 곳곳에 수납 공간을 만들었다. 수납장 덕분에 상부장이 없어도 좁은 공간을 효율적으로 활용할 수 있다.

● **POINT 4**

목련 나무 액자

부부의 집에서 가장 큰 자랑은 바로 이곳! 뒤쪽 베란다로 이어진 벽에 낸 큰 창문이다. 개폐형
이 아닌 통유리 고정 창문이어서 창밖의 목련 나무를 마치 액자 속 그림처럼 감상할 수 있다.

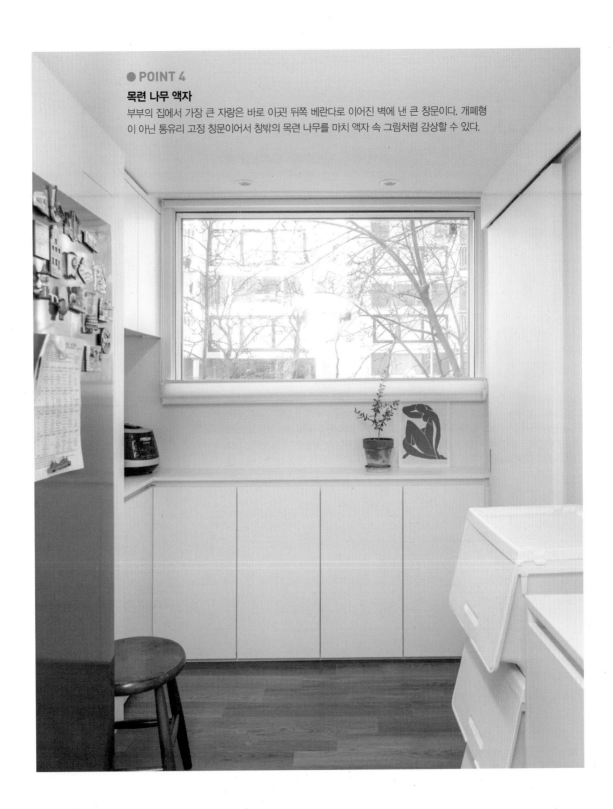

Living room: 거실

모던한 스타일로 변신한 거실

20년이 훌쩍 넘은 오래된 아파트여서 이사하기 전에 손볼 곳이 많았다. 화려한 벽지와 오래된 마루를 뜯어내고 최대한 깔끔하고 모던한 스타일로 탈바꿈했다. '짙은 마루에 하얀색 벽'을 시공업체에 요청했는데, 부부가 원하던 모습으로 완성되었다.

● **POINT 1**

인테리어에도 좋은 선반형 책장

거실 한편에 선반형 책장을 두니 북카페 느낌이 물씬 풍긴다.

● **POINT 2**

가족만의 다이닝 공간

거실 가운데는 원형 테이블을 두었다. 가족이 둥글게 모여 앉아 식사를 하거나 저녁이 되면 부부가 오붓하게 맥주 한잔을 즐기는 곳이다. 커튼을 열면 큰 창 너머로 초록 숲의 풍경이 한눈에 들어와 멋진 다이닝 공간이 완성된다. 테이블 위에는 루이스폴센 조명을 설치해 분위기를 더했다.

● POINT 4

TV 대신 빔 프로젝트!

부부의 집 거실에는 TV가 없다. 이사를 오면서 'TV 없는 삶'을 실현해
보고 싶었다. 혼수로 장만했던 55인치 벽걸이 TV를 친정에 보내고 소
파 위 천장에 빔 프로젝트를 설치했다. TV를 없앤다고 했을 때 주변
사람들이 말렸지만 빔 프로젝트가 있으니 큰 불편이 없다. 오히려 TV
보는 시간만큼 아이와 노는 시간이 늘어나서 잘한 결정이라고 생각
한다.

● POINT 3

공간의 포인트 빈티지 가구

빈티지숍 노던바우엔(Northern Bauen)에서 구입한
멋스러운 서랍장이다.

● POINT 5

변신이 자유로운 모듈형 소파

거실 한편을 차지하고 있는 것은 모듈형 소파다. 이리저리 옮기기 쉬워서 원하는 위치, 원하는 용도에 따라 자유자재로 둘 수 있어 편하다.

Bedroom: 침실

최소한으로 꾸민 침실

드레스룸을 없애고 침실 한쪽 벽면에 붙박이장을 설치했다. 그만큼 침실이 좁아져서 침대 프레임을 없애고 매트리스만 놓았다. 붙박이장 한쪽은 공간을 비우고 스타일러를 넣었다. 침대 헤드가 없어 불편한 부분은 베개를 2단으로 놓아 해결하고, 그 위에 모빌을 달아 아늑한 분위기를 연출했다.

Study room: 서재

군더더기 없는 작업 공간

기자인 남편의 작업 공간이다. 가구를 모두 화이트 컬러로 통일하고 책상과 책장만으로 심플하게 꾸몄다.

Kid room: 아이 방

경쾌한 느낌의 아이 방

아이의 키에 꼭 맞는 책꽂이와 책상, 줄무늬 패턴의 카펫까지, 아이가 밝고 좋은 생각을 하며 자랄 수 있도록 경쾌한 느낌으로 꾸몄다.

Entrance: 현관

마음껏 수납할 수 있는 현관

신발이 너무 많아 수납이 가장 큰 숙제였다. 현관 한쪽 벽면 전체를 신발장으로 만들고, 반대쪽도 절반 높이의 수납장을 맞춰 넣고서야 숙제가 해결되었다. 수납장 위에 외출할 때 필요한 소지품을 올려놓을 수 있어 편하다. 현관이 더 넓고 트여 보이도록 큰 사이즈의 타일을 선택했다.

Terrace: 테라스

다시 태어난 테라스

거실 발코니에서 테라스로 연결되는 구조다. 테라스가 마음에 들어 집을 계약했지만, 전에 살던 사람들이 거의 사용하지 않아 잡초에 벌집까지 매우 심란한 상태였다. 테라스에 심폐소생술을 할 시공업체를 선정하는 데도 고민이 많았다.

화이트 컬러로 난간을 설치하고 벽에 어닝을 다는가 하면, 카페 테라스의 느낌을 주기 위해 벤치도 만들었다. 벤치는 시멘트로 모양을 잡고 현관 바닥과 똑같은 타일을 깔았다. 대공사를 통해 멋진 테라스로 되살아났고, 여름에는 수영장으로 변신할 예정이다.

Bathroom: 욕실

화이트 타일과 조명이 포인트!

공간이 답답해 보이는 샤워 부스를 없애고 낮은 가벽을 세워 샤워 공간만 살짝 분리했다. 수납장 아래 조명을 설치하니 욕실 분위기가 더욱 은은하다. 정사각형의 작은 타일은 청소하기는 조금 불편해도 확실히 더 예쁘다. 오히려 더 자주 청소하는 습관이 생겨 깔끔하게 유지하고 있다.

기울인 애정만큼 더 따스해지다

82m² ↔ 25평

동갑내기 이지원·박종태 부부와
아들 도하가 함께 사는 집

"집은 마음을 주고 아낄수록 더 풍요로워지고, 애정을
기울일수록 더 따스해지는 공간인 것 같아요." 이지원·
박종태 부부는 자신들의 손길을 기다리는 공간마다 마
음과 애정을 쏟으며 집 전체를 포근함으로 채웠다. 얼
마 전에 태어난 아들 도하의 웃음소리로 더욱 따스해진
세 가족의 집을 들여다보자.

STORY

마음으로 꾸민
세 가족의 포근한 보금자리

이지원·박종태 두 사람은 결혼 1년 차 동갑내기 신혼부부이자 이제 막 엄마 아빠가 된 초보 부모다. 이들은 결혼 후 1년 동안 투룸 빌라에 살다가 얼마 전 친정집 맞은편의 이 아파트로 이사를 왔다. 전에 살던 집은 '화이트 & 그레이'를 메인 컬러로 모던하게 꾸몄는데, 추워 보이는 느낌이 들어 이번에는 '화이트 & 베이지'를 메인 컬러로 따뜻한 느낌을 살리는 데 집중했다.

부부의 인테리어 특징은 오직 '소품'으로 승부한다는 것이다. 시공이나 리모델링도 중요하지만, 소품만 잘 활용해도 집 안 분위기를 90퍼센트 이상 바꿀 수 있다고 한다.

"집을 꾸밀 때 첫 번째로 생각해야 할 것이 '공간에 어울리는 소품과 가구 배치'가 아닐까 싶어요. 좋아하는 컬러부터 선택하고, 그에 맞는 가구와 소품들을 하나둘씩 채워가는 거죠. 소품부터 너무 많이 장만해 놓고 꾸미려고 하면 조화롭지 않은 경우가 많아요."

부부는 욕심을 버리고 원하는 컬러에 어울리는 소품들로 조금씩 공간을 채워간다면 거창하게 시공이나 리모델링을 하지 않아도 충분히 멋진 인테리어를 완성할 수 있다고 말한다.

이들의 집을 살펴보면 과한 것 없이 전체적으로 밸런스가 잘 맞는다. 꼭 필요한 만큼만 한 줌을 덜어내 멋스럽고 여유롭다.

부부는 값싼 소품 하나도 대충 사는 법이 없다. 우리 집에 잘 어울리는지, 놔둘 공간은 있는지 며칠 동안 고민하고 마음속에서 합격점을 받은 다음에야 사기로 결정한다. 집 곳곳에 놓인 소품들은 부부의 오랜 고민 끝에 선택된 소수정에 멤버들이다. 소품 하나하나까지 공들이고 정성으로 꾸민 세 가족의 집. 공간 가득 포근한 기운이 감도는 것은 어쩌면 당연한 일이 아닐까.

공간의 중심; 거실

Living Room

패브릭이 공간을 포근하게 감싸는 거실

거실은 남편을 생각하는 아내 이지원 씨의 마음이 담겨 있어 더욱 포근하다. 7일 중 6일을 힘들게 일하는 남편이 퇴근 후 돌아와 좋아하는 TV를 편안하게 볼 수 있도록 최대한 아늑하게 꾸미고자 했다. 이지원 씨가 거실을 꾸미면서 가장 많이 고민했던 것은 '어떻게 하면 기존에 쓰던 가구에 따스한 분위기를 덧입힐 수 있을까' 하는 것이었다. 함께 한 시간만큼 편하고 익숙한 가구들을 더 오래 사용하고 싶었기 때문이다.

몸에 착 감길 정도로 푹신함을 자랑하는 가죽 소파는 남편이 가장 좋아하는 가구다. 하지만 진한 그레이 컬러가 차가운 느낌이다. '아늑한 거실'을 만들려면 소파의 변신은 선택이 아닌 필수였다. 고민 끝에 베이지 컬러의 리넨 커버를 덮었는데, 차가워 보이던 가죽 소파에 포근한 기운이 내려앉았다.

부부의 거실에는 소파 외에도 패브릭의 덕을 톡톡히 본 가구가 있다. 소파 옆에 놓인 데코 테이블이다. 침대 옆에 놓아두었던 협탁에 화이트 컬러의 패브릭을 덮어 강한 우드 컬러를 감쪽같이 숨겼다.

홈카페 스타일로 꾸민 원형 테이블은 가족이 식사하는 공간이다. 부부와 아이는 이곳에서 식사를 하고, 차를 마시고, 책을 읽으며 하루 중 많은 시간을 보낸다. 이 테이블에는 다른 가구와 달리 프린팅된 패브릭을 덮어 새로운 느낌을 연출했다. 세 가족의 따스한 공간에 매일 행복이 채워지기를 바란다.

● POINT 1

눈길을 끄는 프린팅 패브릭

홈카페 스타일을 연출하고 싶어서 과감한 프린팅의 패브릭으로 테이블을 덮었다. 집 전체가 차분한 느낌이어서 테이블에 포인트를 주고 싶었다.

● POINT 2

난이도는 낮고 만족도는 높은 소파의 변신

가죽 소파에 리넨 커버를 씌우자 완전히 새로운 가구가 탄생했다. 부부는 사용하던 소파가 지겹다면 좋아하는 컬러의 패브릭을 덮는 간단한 방법으로 새로운 분위기를 연출할 수 있다며 인테리어 꿀팁을 전했다.

● POINT 3

분위기를 정돈하는 우드 테이블

포근하고 따뜻한 느낌을 주기 위해 라탄이나 원목 제품을 주로 활용한다. 소파 앞에 놓인 심플한 디자인의 테이블은 이케아 제품이다.

● POINT 4

벽에 포인트를 주는 초록의 화사함

플렌테리어 느낌의 가랜더 장식으로 허전하던 화이트 컬러의 벽을 화사하게 바꿨다. 부부는 액자보다 소품으로 꾸미는 것을 선호한다.

● POINT 5

침대 협탁, 제2의 삶

침대 옆에 두었던 협탁에 하얀 천을 덮어 데코 테이블로 활용하고 있다. 기존 가구의 컬러가 집 안 분위기에 맞지 않았는데, 패브릭을 활용해 새로운 생명을 부여했다.

Kitchen: 주방

셀프 시공으로 탄생한 여심 저격 주방

SNS에서 주방 홈스타일링 사진을 보고 너무 예뻐서 관련 정보를 참고해 비슷하게 꾸몄다. 가장 하고 싶었던 '주방 타일 시공'을 위해 견적을 받아봤는데 생각보다 가격이 비싸서 시트지로 대신했다. 그레이 컬러의 타일 위에 화이트 컬러의 시트지를 붙여 주방에 화사함을 더하고, 패브릭과 소품을 활용해 아기자기하게 꾸몄다.

● POINT 1

3만 원으로 대신한 타일 시공

혼자 시트지 작업을 하느라 힘들었지만 단돈 3만 원으로 주방 타일을 바꿀 수 있어서 뿌듯했다. 시트지를 붙일 때는 힘을 세게 주면 찢어질 수 있으니 주의해야 하고, 시공 전에는 아세톤이나 알코올로 벽면의 유·수분을 깨끗이 닦아내야 한다. 접착력이 워낙 강하고 떼었다 붙였다할 수도 있으니 잘못 붙여도 걱정 없다. 약간 엠보싱 처리가 되어 있어 타일처럼 볼륨감이 느껴진다. 시트지의 가장 큰 장점은 쉽게 바꿀 수 있다는 것이다.

● POINT 2

감각적인 세탁실 가림막

세탁실로 통하는 문에는 예쁜 그림이 페인팅된 패브릭을 가림막으로 설치했다.

Bedroom: 침실 1

포근한 감성 가득한 아이와 엄마의 방

아이가 태어나자 부부가 쓰던 안방은 아이와 엄마의 방이 되었다. 남편과 함께 사용하던 큰 침대를 다른 방으로 옮기고, 그 자리에 매트리스를 깔았다. 나머지 공간은 아이의 사진을 찍는 포토존으로 꾸몄다. 아이와 함께 쓰는 방인 만큼 따뜻하고 포근한 느낌을 최대한 살리기 위해 평소 좋아하는 패브릭과 소품을 활용했다.

● POINT 1

아이를 위한 포토존

아동복 모델인 도하의 사진 촬영을 위해 포토존을 만들었다. 인터넷 검색을 하던 중 어린아이들이 인디언 텐트(티피) 안에서 노는 모습이 너무 예뻐 연출해 보았다. 아이의 옷장이 따로 있지만 아이 옷이 보이면 귀여울 것 같아 천장에 줄을 매달아 옷걸이를 걸어 매장의 느낌을 살렸다.

Bedroom: 침실 2

온전한 휴식을 위한 남편 방

아이 방으로 꾸미려고 했지만 아이가 태어난 후 남편 혼자 편하게 잠자는 공간으로 만들었다. 휴식을 위한 공간이기에 군더더기 없이 깔끔하게 꾸몄다.

● POINT 1

안쪽 공간을 가려주는 패브릭

집에 들어오면 바로 보이는 드레스룸을 가리기 위해 커튼처럼 문에 패브릭을 달았다. 드레스룸의 문이 열려 있어도 지저분해 보이지 않는다.

Dressing room: 드레스룸

밝고 따스한 느낌의 드레스룸

이사 오기 전부터 사용하던 옷장 3개를 나란히 붙이고 따뜻한 느낌의 원목과 패브릭 소품으로 꾸몄다. 벽에 걸린 선인장 그림의 패브릭은 벽에 박힌 못을 가리기 위한 용도다.

Entrance: 현관

데크로 따뜻함을 더한 현관

현관은 '깔끔함'에 중점을 두었다. 화이트 컬러의 가구 사이에서 눈에 띄는 것은 현관 바닥이다. 이전에 살던 빌라 베란다에 깔아두었던 데 크를 버리지 않고 가져와 현관 바닥에 깔았다. 알뜰하게 재활용한 데 크 덕분에 첫인상부터 따스하게 다가오는 멋진 현관이 탄생했다.

● POINT 1
깔끔한 현관을 위한 신발 진열대

심플한 디자인의 신발 진열대는 이케아 제품이다. 구두 관련 일을 하는 남편 박종태 씨는 출근 할 때마다 다양한 신발을 신는다. 현관 바닥에 신발이 널브러져 있지 않도록 진열장처럼 꾸몄 다. 많은 신발도 깔끔하게 정리할 수 있어서 좋다.

크게 손대지 않고 큰돈 들이지 않고

59㎡ ↔ 25평

이정일·박여은 부부가 사는 아파트

눈썹 모양만 바꿔도, 립스틱 컬러만 바꿔도 얼굴이 확
달라 보이듯이 크게 손대지 않고, 큰돈 들이지 않고 인
테리어에 성공한 이정일·박여은 부부의 집. 바꿔야 할
부분을 정확히 집어내서 취향에 맞게, 공간에 어울리게
탈바꿈시킨 금손 박여은 씨는 앞으로 변화될 또 다른
공간도 기대해 달라는 말과 함께 인테리어 과정과 꿀팁
을 공개했다.

STORY

노력과 열정, 재능으로 이뤄낸
가성비 끝판왕 인테리어

부부는 결혼 전 미리 분양받은 아파트에 신혼집을 차렸다. 신혼집을 꾸밀 생각에
들떠 집을 둘러보니 새집이라 깔끔하고 손볼 곳은 없는데 벽면이 어딘가 모르게 허
전해 보였다. 갓 분양받은 새집을 다시 바꾸는 것은 무리라는 생각에 최소한의 비용
만 들여서 부분 인테리어를 하기로 결정했다. 아내 박여은 씨는 집에 있는 시간을 유
난히 좋아하는 자칭 '집순이'다. 그만큼 취향에 꼭 맞는 공간으로 꾸미고 싶은 열정
이 가득했다.

"인테리어 자료를 볼수록 욕심이 생겼어요. 신혼집 근처에서 만나 데이트를 하다
가 새집에 들러 치수를 재고, 도면을 만들고, 급기야 3D 작업까지 했답니다. 인테리
어 회사에 다니는 덕분에 원하는 대로 작업할 수 있었어요. 인테리어 업체에 맡기지
않고 작업반장님께 직접 의뢰해서 인테리어 비용을 절감할 수도 있었고요. 직업 덕
을 톡톡히 본 셈이죠."

조금만 손보면 확 달라질 것 같은 박여은 씨의 직감은 적중했다. 부분 인테리어
시공만으로 밋밋했던 공간을 잡지에서나 볼 법한 모던한 공간으로 변신시킨 것이다.
그녀는 인테리어를 앞두고 고민이 많은 사람들을 위해 자신만의 노하우를 전했다.

인테리어를 하기 전에 가장 중요한 것은 '자료를 많이 보는 것'이라고 한다. 그녀
는 어떤 방향으로 인테리어를 할지 먼저 정하고, 그에 맞는 자료를 모았다. 셀프 인
테리어를 하든 부분 시공을 맡기든 자신이 무엇을 원하는지 정확히 알면 비용을 줄
일 수 있다면서 "인테리어, 아는 만큼 절약된다!"는 명언을 남겼다.

자녀 계획을 세우고 있는 부부는 운동기구가 쌓여 있는 방을 아이 방으로 바꾸기
위해 매일 머리를 맞대고 고민 중이다. 멋지게 탄생할 또 하나의 공간, 그 속에서 피
어날 싱그러운 이야기들이 궁금하다.

공간의 중심 ; 거실

Living Room

전문가의 손길에 가족의 수고를 더해 완성한 모던한 거실

거실은 대리석과 그레이, 골드, 로즈핑크가 적절하게 조화를 이룬다. 웨딩홀이 주 고객인 인테리어 업체에 근무하는 박여은 씨는 업무상 마블과 골드, 로즈핑크 컬러의 소품을 많이 접한다. 그러다 보니 집 인테리어에도 자연스럽게 적용하게 되었다. 한쪽 벽면은 웨인스코팅(wainscoting) 후 따뜻한 그레이 컬러로 도장했다. TV가 놓인 벽은 웨인스코팅과 찰떡궁합인 마블 무늬 타일로 마감한 후 벽에 어울리는 소파와 테이블로 공간을 채웠다. 거실 바닥은 그대로 두고 벽면도 철거가 아닌 덧대는 시공을 한 덕분에 생각보다 비용도 많이 들지 않았다.

거실 공사의 시작은 목공이었다. 바탕이 될 MDF(합판)는 12밀리로 준비하고, 목공 사장님이 판재를 자르는 동안 박여은 씨와 아버지는 바닥 몰딩을 떼어내는 작업을 했다. 기존에 있던 걸레받이가 본드로 붙여져 있어 쉽게 떼어지지 않았다. 인테리어 시공을 하다 보면 자재비보다 인건비가 더 많이 들게 마련인데, 박여은 씨와 아버지가 손을 보태서 목공 작업 비용을 줄일 수 있었다.

그다음 날은 천장 전기 공사를 시작했다. 기존에 있던 등을 떼어내고 밤에 영화를 보거나 술을 한잔할 때 분위기 만점인 LED 할로겐 등으로 교체했다. 이렇게 해서 부부의 모던한 거실이 완성되었다. 좁은 거실을 멋스럽게 만들고 나니 뿌듯함이 몰려와서인지 거실을 보며 차를 마실 때면 차 맛도 더 향긋하게 느껴진다고 한다.

● POINT 1

셀프 시공으로 완성한 대리석 아트월

거실 벽은 그레이 컬러와 잘 어울리는 화이트 마블 무늬 타일로 결정했다. 아버지의 도움을 받아 셀프 시공을 했는데, 조금 울퉁불퉁하고 살짝 금이 간 곳도 있지만 가장 뿌듯한 공간이다. 거실이 답답해 보이지 않도록 TV를 벽에 걸었다. 수납장으로 대리석을 가리지 않아 공간이 넓어 보이는 효과가 있다.

● POINT 2

거실과 조화를 이루는
따뜻한 컬러의 소파

거실이 넓은 편이 아니어서 4인용 소파를 두기가 부담스러웠다. 2인용 소파를 사려다 가구 회사 직원의 추천으로 3.5인용 소파를 구입했는데 사이즈가 딱 맞다. 소파는 시스디자인(sysdesign) 에린 제품이다. 따뜻한 그레이 컬러의 소파에 핑크 쿠션으로 포인트를 줬다. 격자무늬 벽 아래쪽을 소파로 가리면 거실이 더 좁아 보이지 않을까 걱정했는데 실제로는 벽과 너무 잘 어울린다.

● POINT 3

마음속 조명, 드디어 우리 집에!

회사에서 운영하는 숍에서 마음에 담아두고 있던 조명을 드디어 거실에 설치했다. 적당히 화려하면서 모던한 디자인에 포인트가 되는 골드 컬러까지 나무랄 것이 단 하나도 없는 조명이다.

● POINT 4

다른 2개가 모여 멋진 하나가 되다

마블 무늬 상판의 원형 테이블과 사이즈가 조금 더 큰 원형 테이블을 겹쳐서 놓았다. 거실의 대리석 벽면과도 잘 어울리고 단조롭지 않아 만족스럽다.

Kitchen: 주방

소품으로 화사함을 더한 주방

주방은 원래 모습 그대로다. 인테리어의 통일성을 위해 대리석 식탁을 두고 핑크색 의자로 포인트를 줬다. 식탁 위쪽이 휑한 느낌이 들어서 마음에 드는 소품을 발견할 때마다 하나씩 사서 모아놓았다. 따로 볼 때보다 모아두니 더 예뻐서 "역시 내 소비는 틀리지 않았어!"라는 생각이 든다.

● POINT 1

독특한 디자인의 주방 조명
식탁 조명은 프로라이팅(Prolighting)에서 산 것이다.

● POINT 2

보는 것만으로도 배부른 오일 병
식탁 중앙에 놓인 오일 병은 몰디브 쿠라마티에 갔을 때 한눈에 반해 "이건 꼭 사야 해!"
라고 결심했다. 예쁜 병을 열심히 찾아다닌 끝에 마침내 마음에 쏙 드는 귀여운 병을 사는
데 성공! 병에는 올리브 오일을 담고 가운데 포도송이 모양에는 발사믹 식초를 담아 식전
빵을 찍어 먹는 용도이다.

Bedroom: 침실

모던한 집에 숨겨진 아늑한 공간

거실이 모던한 분위기라면 침실은 따뜻하고 포근한 느낌이다. 거실과 통일할까 고민도 했지만 원목 가구 특유의 포근하고 아늑한 느낌을 집 안 어딘가에 심어주고 싶었다. 원목 가구를 들이는 것 외에는 원래 모습을 유지하려고 했는데, 잔잔한 무늬와 펄이 들어간 벽지가 걸려서 거실 천장 도배를 할 때 침실 벽면도 새롭게 바꿨다.

● POINT 1

툭 걸면 밋밋함 끝!

침실 문을 열면 가장 먼저 보이는 벽면이 너무 허전해서 가랜드를 걸었다. 원목 가구의 안락한 느낌에 어울리는 포근한 소재를 선택했다.

● POINT 2

내 눈엔 만점!

세 번이나 바꾸는 험난한 여정 끝에 마음에 쏙 드는 지금의 스탠드를 만났다. 크기부터 디자인까지 완벽하게 귀엽다.

전셋집도
내 마음에 쏙 들게
꾸미기

82㎡ ↔ 25평

김고운·김성길 부부와
곧 태어날 '봄별(태명)'이 함께 사는 집

못 하나를 박는 것도 망설여지는 전셋집에서 인테리어에 도전한다는 것은 큰 용기와 행운을 필요로 한다. 그렇다고 매일 머무는 집을 '원하는 대로'가 아닌 '있는 대로' 둘 수도 없는 노릇이다. 전셋집 인테리어에 막막했다면, 적은 비용으로 최대의 효과를 누리고 싶다면 이 부부의 집에서 힌트를 찾아보자. 전셋집도 셀프 인테리어로 충분히 아름답게 꾸밀 수 있다.

STORY

오래 볼수록 아름다움이 깊어지는 집 만들기

결혼 3년 차에 접어든 김고운·김성길 부부는 설렘을 가득 안고 봄에 태어날 아기 맞이에 한창이다. 인테리어 성향이 비슷한 부부는 2년 뒤 새집 입주를 앞두고 작년에 지금의 빌라로 이사 왔다. 2년밖에 살지 않을 집인데 인테리어를 하는 것이 사치일 수도 있다. 하지만 '집'은 부부의 일상에 영향을 주는 중요한 공간이기에 도면을 그리는 일부터 모든 과정에 정성을 쏟았다. 다만 2년 뒤에는 떠날 집이기에 욕심 부리지 않고 최소한의 비용으로 계획했다. 전셋집은 아무래도 인테리어에 한계가 있었다. 하지만 자신들만의 취향이 담긴 독특하고 재미있는 인테리어를 시도해 볼 수 있어서 모든 과정이 설레고 즐거웠다고 한다.

지은 지 4년밖에 되지 않아 새집이나 마찬가지지만 자재나 인테리어가 조금 구식이어서 분위기를 바꾸기 위해 '벽 페인팅, 조명, 소품'을 활용하는 전략을 세웠다. 최소한의 비용을 생각했기에, 더 깊이 고민한 끝에 총 250만 원 정도로 가성비 만점의 인테리어를 완성했다.

"매년 인테리어 트렌드는 변하지만 우리는 트렌디한 집보다 매일 봐도 질리지 않는 집을 원했어요. 마음이 편안하고 각각의 공간들이 서로 잘 어우러질 수 있도록 화이트와 그레이 컬러를 메인으로 정한 다음 감초 역할로 은은하고 세련된 느낌을 더했죠. 무채색은 차분한 느낌이 들어 심리적으로 편안함을 주고 다른 소품들을 돋보이게 하니까 생각했던 인테리어 방향에 딱 맞는 컬러예요."

오래 볼수록 아름다움과 편안함이 더욱 깊어지는 집을 원하는 부부. 지금 집과의 짧은 만남을 '대충'이 아닌 '귀하게' 여기기로 했다. 이들의 생각과 손길이 곳곳에 묻어난 집에 2년의 시간 동안 행복이 무르익기를 바란다.

공간의 중심; 주방

Kitchen

카페 부럽지 않은 감각적인 주방

마치 카페를 연상시키는 주방에는 가성비 높은 인테리어 팁이 곳곳에 숨어 있다. 다른 사람이 살던 집에 이사 왔을 때 타일과 후드에 낀 기름 자국을 보고 눈살을 찌푸린 경험이 있을 것이다. 닦고 또 닦아내도 개운하지 않을 때는 비싼 비용을 감내하면서 타일을 교체하기도 한다. 오래된 기름 자국의 공격을 부부는 시트지로 방어했다. 대리석 무늬의 유광 시트지를 붙이니 화사함을 덤으로 얻은 새로운 주방이 되었다. 타일 시공에 비해 비용이나 노력이 적은 것은 말할 것도 없고 쓱 닦아내기만 하면 되니 사용할수록 정말 옳은 선택이라고 생각된다.

주방에서 가장 공들인 공간, 집에서 가장 마음에 드는 공간은 '홈카페'라 불리는 곳이다. 조명을 고르는 데만 두 달이 걸렸다고 하니, 여기에 쏟은 부부의 노력이 어느 정도인지 짐작하고도 남는다. 이 공간에도 가성비 인테리어의 지혜를 발견할 수 있다. 감각적인 인테리어 효과에 단단히 한몫한 것은 타공판과 뒷벽이다. 비용 대비 고급스러움을 견줘볼 때 가히 가성비 끝판왕이라 하겠다.

각기 쓰임이 다른 커피머신은 디자인도 예뻐서 인테리어 효과를 내기에 충분하다. 커피머신 뒤쪽에 설치된 타공판은 캡슐 커피, 캔들 등의 소품과 부부의 추억을 걸어두는 공간이다. 타공판 컬러도 조명 컬러에 맞춰 세심히 선택해 카페 부럽지 않은 감각적인 분위기가 완성되었다. 차와 커피를 만들며 일상을 이야기하던 이 공간은 태어날 아이를 위한 물건들이 더해져 더 향긋하게 변모할 예정이다.

● POINT 1

별자리 조명이 반짝반짝!

주방 조명을 고르는 데 거의 두 달이 걸렸다. 긴 고민 끝에 부부가 선택한 조명은 '별자리 전등'이다. 여기에 로즈골드 컬러의 '눈꽃에디슨 LED'를 설치하니 조명을 끄면 버블 구슬 같고 조명을 켜면 집이 주황빛으로 물든다. 조명은 인터넷에서, 전구는 종로5가의 도매 상가에서 저렴하게 사서 남편이 직접 설치했다.

● POINT 2

화사한 컬러를 입은 타공판

이전에 살던 집은 블랙이 메인 컬러여서 조명과 타공판도 블랙이었다. 하지만 지금의 밝은 집과 어울리지 않아 로즈골드 컬러의 조명에 어울리는 화이트 컬러 타공판으로 바꿨다. 타공판은 계절에 따라 다른 소품으로 채워진다.

● POINT 3

기름때를 감쪽같이 숨긴 시트지

주방 타일에 선명했던 기름때는 시트지로
해결했다. 시트지만 붙였을 뿐인데 새것처럼
변신했다. 통으로 된 시트지여서 붙이기도
쉽고 청소하기도 편리하다.

● POINT 4

가성비, 10점 만점에 10점!

주방에서 가장 좋아하는 공간인 홈카페. 뒷벽은
엘지하우시스의 무광 대리석 시트지를 우드락에
감싼 후 끼워 넣어 세련된 느낌으로 꾸몄다. 이 방
법은 비용 부담이 적고 벽에 손상을 주지 않을뿐
더러 우드락만 꺼내면 원상 복구가 가능하다.

Living room: 거실

부부의 손길로 젊고 밝아진 거실

인테리어를 하기 전에 거실은 전체적으로 촌스러운 분위기였다. 그래서 거실을 젊은 분위기로 바꾸는 데 집중했다. TV 뒤쪽 벽을 화이트 컬러의 페인트로 칠하고, 반대편은 화이트 컬러에 옅은 그레이 컬러가 섞인 퓨어 화이트로 칠했다.

마루는 고급 원목 자재이지만 부분적으로 검은 얼룩이 있었다. 바닥을 교체하고 싶은 욕심은 있었지만, 어차피 2년 뒤에 이사를 해야 하기 때문에 큰돈을 투자하지 않기로 했다. 벽에만 변화를 주기로 하고 페인팅 강좌를 들으며 기술을 익혀서 시공을 했다. 골이 깊고 두꺼운 실크 벽지여서 젯소와 페인트를 2배나 더 사용했지만 노력의 결과 예전의 모습이 떠오르지 않을 정도로 밝고 따뜻한 거실이 되었다.

● POINT 1

거실의 청량함 담당, 블라인드 & 커튼

거실 창문 전체에 전통 격자무늬 시트지가 붙어 있어 거실이 더욱 촌스러워 보였다. 시트지를 완벽하게 제거할 수 없어서 이전부터 사용하던 화이트 우드 블라인드를 설치하고, 나비 주름 시폰 커튼을 추가로 설치해서 편안하고 아늑하게 꾸몄다. 비치는 얇은 커튼이 바람에 살랑살랑 움직일 때마다 청량한 느낌이 든다.

● POINT 2

새 옷을 입은 소파의 변신
아이보리 컬러의 소파 커버를 구입해서 어두운 컬러의 커다란 리클라이너 가죽 소파에 덮으니 거실에 잘 어울린다. 리클라이너 기능을 사용하기 위해 커버 아랫부분은 고정하지 않았다.

● POINT 3

공간을 젊게 만드는 비결은 간접조명
간접조명을 선호하는 부부는 조명을 교체하는 데 더 많은 신경을 썼다. 조명을 진한 주황색에서 백색으로 바꾸니 공간이 한층 넓어진 느낌이다. 조명을 교체하려고 동사무소에서 사다리까지 빌렸는데, 힘든 과정들이 지금은 소중한 추억이 되었다.

● POINT 4

아트월로 거실에 아늑함을 한 스푼 더!
밝은 소파 컬러에 맞춰 패브릭과 건전지 LED 조명으로 아늑한 분위기의 아트월을 설치했다. 거기에 아기의 태명으로 가랜드를 만들어 포인트를 주었다. 나사나 못이 아닌 '꼭꼬핀'으로 아트월을 걸어 벽이 손상되는 것을 최소화했다.

● POINT 5

가지런히 정리된 전선
복잡한 전선들은 네트망과 케이블 타이로 정리해서 보이지 않게 TV 뒤로 숨겼다.

Bedroom: 침실

잠이 솔솔 올 정도로 평온이 감도는 침실

인테리어를 하기 전에 침실에는 얼룩말이 살고 있었다. 부부는 그것을 '공포의 얼룩말'이라고 불렀다. 하얀색 벽지에 단단히 고정된 검은색 얼룩말 시트지. 부부는 페인트로 얼룩말 무찌르기에 돌입했다. 쉽지 않은 작업이었지만 인테리어를 하면서 가장 기억에 남는다고 한다.

페인트 컬러는 '침대와 잘 어울릴 것, 잠이 솔솔 오는 차분한 느낌일 것' 2가지를 염두에 두고 그레이 컬러로 결정했다. 색상 차트에는 무려 100가지가 넘는 그레이 컬러가 있었는데, 한 달을 고민한 끝에 실버그레이와 애시그레이 컬러를 2면으로 나눠 칠했다. 부부가 합심해서 완성한 벽면은 차분하고 은은한 침실을 위한 훌륭한 도화지가 되었다.

● POINT 1

공기도 기분도 좋아지는 초록 식물
이 집으로 이사하고 나서 초록색 식물을 많이 사들였다. 초록색이 보기에도 좋고 공기 정화 효과도 있어서 앞으로도 식물을 많이 들여놓을 계획이다.

차분하고 세련된 분위기를 위한 선택
민트 빛이 감도는 그레이 컬러의 가죽과 쿠션 헤드의 에이스침대. 전체적으로 묵직함과 폭신함이 느껴지고 세련되어 보인다. 여기에 알레르망 무지 화이트 구스 침구를 더해 은은한 분위기를 연출했다.

Entrance: 현관

따스함과 실용, 둘 다 덥썩!

현관에는 자동차용 코일 매트를 깔아 따뜻하고 편안한
느낌으로 연출했다. 2센티미터 두께로 대리석처럼 차갑
지 않아 맨발로 밟기에도 불편함이 없다.

Bathroom: 욕실

보이지 않게, 뽀송하게!

욕실은 남에게 보이고 싶지 않은 공간이다. 현관에
서 바로 보이는 욕실 내부를 패브릭으로 가리고 봉
으로 여닫을 수 있게 했다. 욕실 문 바깥에는 신발
걸이를 달아 축축하게 젖어 있기 일쑤인 욕실 슬리
퍼를 걸어둔다.

설렘을 주는 언커먼 하우스

;
UNCOMMON
HOUSE

85㎡ ↔ 26평

강희철·정영은 부부와
아들 래언, 딸 래아가 함께 사는 아파트

"여행지에서 리조트에 첫발을 내딛는 순간 설렘이 시
작되는 것처럼, 우리 가족이 늘 머무는 집도 설렘을 주
는 공간이면 좋겠어요." 이런 이유로 부부는 가구와 식
물의 위치를 바꾸고, 화려한 패턴의 패브릭을 활용하는
등 소품으로 매번 집 분위기를 바꾼다. 이런 노력이 쉽
지는 않지만 애정을 가지고 꾸준히 가꾼다면 공간은 점
점 더 머물고 싶은 예쁜 모습으로 변해 간다는 믿음이
있다.

STORY

불필요한 꾸밈 대신
가족의 취향을 오롯이 담아내다

부부는 1994년에 지어진 오래된 아파트에 살고 있다. 하지만 오래되었다거나 아이가 둘이나 있는 집이라는 생각이 들지 않는다. 심플하고, 깔끔하고, 감각적인 이 공간을 부부는 '쇼룸 같은 집'이라고 정의한다. 가족이 조금이라도 더 오래 머물고 싶은 집이 되었으면 하는 소망을 담아 가구는 물론 액자, 화분, 조명도 쇼룸 느낌이 나도록 연출했다.

인테리어 가구 마켓 '언커먼 하우스(UNCOMMOM HOUSE)'를 운영하고 있는 정영은 씨는 남다른 감각을 가지고 있는 만큼 개성 있는 인테리어를 하고 싶은 욕심이 컸다. 남들과 다른 인테리어를 위해 부부는 기성품 대신 가구를 직접 만들었다. 부부의 집에 기성 가구는 소파와 의자뿐이다. 나머지는 가족의 쓰임을 충분히 반영해서 정영은 씨와 40년 넘게 가구를 만들어온 그녀의 아버지가 직접 만들었다.

인테리어를 시작했을 때는 북유럽 스타일이 유행이었다. 하지만 아무리 예쁜 것도 남들이 많이 하는 것은 피하고 싶었던 정영은 씨는 '절대 북유럽 스타일로 꾸미지 않겠다'고 생각했다. 자신만의 스타일을 찾아 부지런히 인테리어 잡지를 보고 인터넷을 검색하며 선택한 콘셉트가 바로 '쇼룸 같은 집'이다. 그렇게 꾸민 집은 지금까지도 부부에게 설렘을 주는 완벽한 공간이다.

휴직하면서 처음 집을 장만하고 인테리어에 몰두하면서 정영은 씨는 자신이 진짜 좋아하는 일이 '집을 꾸미는 것'임을 깨닫고 가구 만드는 일을 시작하게 되었다. 공간을 가꾸면서 자신의 인생까지 새롭게 가꾸게 된 것이다. 지금의 집에서 네 식구가 늘 밝고 행복하게 살면 좋겠다는 정영은 씨의 바람이 이루어지기를 응원하며, '실용성과 스타일'을 모두 잡은 개성 넘치는 집을 들여다보자.

공간의 중심;
거실

Living Room

가구는 심플하게, 따스함은 꽉 채운 머물고 싶은 거실

부부의 거실은 심플함과 독특함, 세련됨과 아늑함을 동시에 가지고 있다. 거실을 채우고 있는 것은 소파와 테이블, 월 유닛 시스템 선반이다. 전체적인 분위기는 아트월과 월 유닛 시스템 선반이 맡고, 때때로 소파와 테이블의 위치를 바꾸며 다양한 분위기를 연출한다. 지금은 베란다를 확장한 공간에 큰 테이블을 놓고, 아트월 앞에 소파를 놓았다.

거실 한쪽 벽면은 합판에 오크 무늬목을 붙여 아트월로 꾸몄다. 넓은 면적에 원목 특유의 따스함이 스며드니 거실 전체에 아늑한 기운이 감돈다. 아트월 맞은편에는 독특한 디자인의 월 유닛 시스템 가구를 설치했다. 선반을 이용하면 마치 인테리어 숍에 온 듯한 분위기를 연출할 수 있고 수납도 해결된다.

아이가 있는 집은 물건 하나도 함부로 놔둘 수 없는데, 선반을 활용하면 아이들의 손이 닿지 않는 곳에 물건을 진열할 수 있다. 이런 이유로 선반을 설치할 때는 높이가 중요하다. 인테리어 공사를 할 때 모든 것을 업체에 맡기는 사람들이 많은데 선반은 가족이 사용하기 편안한 위치와 높이를 우선적으로 고려해야 한다. 사람마다 키, 라이프스타일, 쓰임이 제각각 다르기 때문에 업체의 데이터라고 해서 나에게도 맞는 것은 아니다. 쓰는 사람이 편하려면 그 사람의 의견이 최대한 반영되어야 하는데도 처음 인테리어를 할 때는 이 부분을 놓치기 쉽다.

부부의 거실에 따스한 기운을 채우는 주연은 원목이지만, 그 효과를 극대화하는 명품 조연은 나무다. 거실에는 작은 식물들과 대형 아레카야자가 있다. 원목과 식물은 실패하려야 할 수 없는, 언제나 옳은 조합이다.

● POINT 1
인테리어 효과도 실용성도 만점

벽면 선반은 정영은 씨가 직접 디자인한 것이다. 가구 제작과는 아무 관련 없는 일을 했는데, 지금의 집 꾸미기에 빠져들어 결국 가구를 직접 디자인하는 경지에 이르렀다. 아무것도 없던 화이트 컬러의 벽면에 멋진 가구를 들여놓으니, 가구도 돋보이고 선반 위의 소품들도 더욱 빛을 발한다.

● POINT 2
다양한 용도의 심플한 테이블

거실의 큰 테이블 역시 정영은 씨가 직접 만든 것이다. 식사할 때나 일할 때도 사용할 수 있도록 큰 사이즈로 만들었다. 테이블에 단을 설치해 물건들을 깔끔하게 정리할 수도 있다.

화려한 패턴을 입은 패브릭 소파

오크 아트월 앞에 패브릭 소파를 배치해 휴양지 느낌을 연출했다. 분위기를 바꾸고 싶을 때는 다른 디자인의 패브릭으로 교체한다. 과감한 패턴의 패브릭은 집의 인테리어와 잘 어울린다.

● POINT 4

모던한 디자인의 메인 조명

테이블 위 천장에 설치된 조명은 허스탈(Herstal) 제품이다. 해외 직구로 사려고 '스칸디나비아 디자인센터' 사이트를 틈날 때마다 들여다봤는데 모타운 조명이 시선을 사로잡았다. 화려하면서도 모던하고 독특한 디자인의 화이트 컬러 조명은 거실 한쪽에 무게감을 주는 역할을 한다.

● POINT 5

한몫 그 이상을 하는 조명

테이블에 놓인 조명은 독일 빈티지 제품으로, 독일 친구에게 부탁해 구입한 것이다. 조명 하나가 공간 전체의 분위기를 바꾸는 것을 보면 인테리어에서 조명은 정말 아끼지 말아야 할 것 중 하나다.

● POINT 6

공간에 싱그러움을 틔우는 화분

식물이 있고 없음에 따라 공간의 분위기가 크게 달라진다. 작은 식물을 집에 들여놓기로 결정했다면, 마음에 쏙 드는 것이 나타날 때까지 계속 지켜보면서 기다리는 것이 좋다. 꽃집 사장님의 추천을 받을 수도 있지만 뭐니 뭐니 해도 내 눈에 예뻐야 한다.

● POINT 7

공간의 온도를 바꾸는 액자

갤러리 분위기를 내는 데 효과적인 소품 1위는 단연 액자다. 정영은 씨는 그림이 공간의 온도를 달라지게 만든다며, 마음에 드는 그림 한 점만 있어도 그곳이 곧 갤러리라고 말한다. 유명한 작품보다 눈에 확 띄는 해외의 빈티지 포스터를 구입해 액자 프레임만 따로 제작했다. 벽에 걸어두는 것도 좋지만 선반 위에 올려두면 또 다른 매력을 느낄 수 있다는 팁도 알려준다.

Kitchen: 주방

꿈의 실현! 스타벅스와 같은 아일랜드 주방

부부가 이 집의 시그니처로 꼽는 것은 스타벅스형 아일랜드 주방이다. 스타벅스에 갈 때마다 마음을 흔들었던 테이블을 드디어 주방에 들였다. 26평 아파트에 들어온 거대한 아일랜드 주방은 묵직한 존재감을 드러낸다. 오랜 시간 마음에 품었던 아일랜드 주방 옆을 지나갈 때면 발걸음마저 경쾌해진다고 한다. 보기에만 좋은 것이 아니다. 한쪽은 서랍장, 한쪽은 양문형으로 제작하고, 수납공간을 넉넉하게 만들어 실용성까지 겸비했다. 동선이 하나로 연결되어 편하고 아이들과 마주 보고 무언가를 하기에도 좋다. 한마디로 흠잡을 곳 하나 없는 완벽한 주방이다.

● POINT 1

포인트가 되는 빈티지 포스터

밋밋해 보이는 화이트 컬러 벽면에는 빈티
지한 포스터 액자를 걸어두었다.

● POINT 2

실용성을 갖춘 맛있는 공간

인덕션과 개수대가 있어서 아이와 함께 요
리할 수도 있고, 주방 일을 하면서 마주 보
고 이야기를 나눌 수도 있다.

● POINT 3

독특한 배치가 만든 완벽한 공간

정영은 씨는 좌측에는 냉동고, 우측에는 냉
장고를 배치한 것을 '신의 한 수'라고 말한
다. 주방 창이 꽤 긴데, 창을 가리기는 싫고
수납공간을 포기할 수도 없어 아예 냉장고
를 떼어놓았다. 냉동고와 냉장고 사이에 수
납장을 맞춰 넣으니 독특한 배치가 더욱 빛
을 발한다.

Bedroom: 침실

좁아서 더 아늑한 침실

부부의 집에서 가장 작은 방이 침실이다. 아이들의 장난감이 거실을 점령하는 것을 방지하기 위해 가장 큰 방을 아이 방, 작은 방을 부부의 침실로 꾸몄다. 침실에는 큰 침대 하나와 작은 선반 하나가 전부다. 대형 사이즈(190×200) 침대는 디자인부터 제작까지 아버지가 손수 만드신 의미 있는 가구로, 정성까지 더해져 아늑함이 짙게 느껴지는 침실이 되었다.

● POINT 1

원목이 주는 따스함

특별하게 꾸미기 어려운 협소한 공간이기에 나무로 포인트를 주어 아늑하게 연출했다. 침대 헤드 느낌을 주기 위해 침대 위쪽 벽면의 절반 정도는 원목을 가로로 붙였다. 아버지께서 전원주택을 짓고 남은 애시 원목을 사용한 것이다.

● POINT 2

귀여움이 반짝반짝!

애시 원목 위에 귀여운 벽등을 달았다. 집 안 곳곳에 같은 디자인의 등을 설치해 통일감을 주었다.

● POINT 3

조명은 분위기 담당

침실 역시 형광등이 아닌 간접조명과 레일 조명을 설치했다. 공간에 비해 상당히 많은 등을 설치했는데, 조명에 따라 미세하게 분위기가 변하는 재미를 느낄 수 있다.

● POINT 4

쓱 밀면 침실이 짠!

대형 침대가 침실을 꽉 채우고 있어서 여닫이문은 불편할 것 같았다. 공간을 넓게 쓰고 사용하기 편리하도록 침실 문은 슬라이딩 도어를 설치했다.

Kid room: 아이 방

꿈이 자라는 방

집에서 가장 큰 방을 아이들을 위한 공간으로 꾸몄다. 책장과 테이블, 작은 소파, 만화영화를 볼 수 있는 TV까지, 아이들에게 필요한 것은 모두 이 방에 두었다. 아이들 키 높이에 맞춰 설치한 책장은 손주 사랑이 넘치는 아버지의 작품이다.

이 방에서 꿈을 키우는 사람이 한 명 더 있다. 바로 남편 강희철 씨! 그는 은행에서 창업 전문가로 일하고 있는데, 앨범까지 한 장 낸 힙합 1세대 래퍼이기도 하다. 이 방은 그런 남편의 힙합 연습실로 사용된다.

Entrance: 현관

Bathroom: 욕실

보기도 좋고, 쓰임도 좋은 중문

아파트 현관 바로 위층인 집은 겨울철에 대비해 공사 시작 전부터 중문은 필수였다. 개인적으로 좋아하는 짙은 네이비 컬러의 여닫이 문을 설치하고, 거실과 현관을 분리하는 가벽에는 유리를 설치하지 않기로 했다. 가벽에 모자걸이도 달고 액자나 시계를 걸어두면 공간을 훨씬 실용적으로 활용할 수 있다. 20평형대의 아파트는 현관이 좁기 때문에 중문 실지를 꺼리는 사람들이 많다. 하지만 부부는 오히려 중문이 있어서 공간이 더 넓어 보인다며 적극 추천한다.

● POINT 1
물건 찾는 시간을 단축시키는 선반
중문 옆에 설치된 둥근 선반은 헤이 제품이다. 차 키, 선글라스 등 외출할 때 자주 사용하는 물건들을 올려두는 용도이다.

● POINT 2
중요한 것은 모자걸이에!
문을 열면 좌측에는 신발장, 우측에는 모자걸이가 있다. 아침에 아이들이 모자를 찾다가 등원 시간에 늦지 않기 위한 아이디어다. 모자뿐 아니라 잊어버리기 쉬운 물건들을 모자걸이에 걸어두면 바로 가지고 나갈 수 있어 편하다.

화사하고 심플한 욕실

다양한 매거진을 보면서 알게 된 자신의 취향, 작은 타일 틈새의 물때로 스트레스를 받았던 경험, 인테리어 공사 비용을 고려하여 큰 사이즈의 화이트 컬러 타일을 선택하고, 안정감을 주기 위해 바닥은 정사각형, 벽면은 직사각형을 가로 방향으로 시공했다. 세면대 위에는 가장 좋아하는 실버 거울을 달고, 벽에는 원목 선반을 설치했다. 습기가 많은 욕실에 원목을 쓰려니 걱정되기도 했지만 환풍기의 건조 기능을 켜두면 물기가 빨리 말라서 큰 불편은 없다.

부부의 로망을 담아낸 집

85㎡ ↔ 26평

김형준·원효진 부부와
곧 태어날 아룬이 함께 사는 아파트

아침 햇살이 잘 드는 고층 남동향, 원하던 집이 바로
'우리 집'이 되었다. 부부가 함께 고민하며 하나하나 채
워 완성한 집은 두 사람을 닮아 모던하고 심플하다. 감
각적이지만 예쁜 것만을 고집하지는 않았다. 지저분해
도 티가 잘 나지 않는 바닥 선택부터 30평형처럼 보이
는 공간 활용까지, 실용적인 부분도 꼼꼼하게 신경 썼
다. 작은 공간 가득 부부의 로망을 채워 넣은 영민한 인
테리어를 만나보자.

STORY

모든 것이 우리 스타일로 꾸며진 우리 집

2013년에 지어진 아파트로 이사 온 후 셀프 인테리어를 했다. 신혼집 창문에서 바라보며 '저기로 이사 가자'고 말하곤 했던 그 집에서 정말 살게 되었다. 우연히 좋은 기회를 만나 장만하게 된 첫 집. '우리만의 스타일'로 꾸미기 위해 부부는 매일 머리를 맞대고 대화를 나눴다.

인터넷과 잡지를 보면서 집을 어떻게 꾸밀지 고민에 고민을 거듭한 끝에 모던하고 심플한 분위기를 만들어보기로 했다. 인테리어 업체에 견적을 문의하니 생각보다 가격 부담이 컸다. 필요한 모든 자재를 발품 팔아가면서 직접 구입하고 시공 업체를 불러 공사를 진행하니 가격을 절반 정도 줄일 수 있었다. 고급스러워 보이는 집이지만 정작 비싼 자재는 하나도 쓰지 않았다. 더 많이 고민하고, 더 많이 돌아다닌 끝에 계획한 예산 내에서 원하는 결과를 얻을 수 있었다.

"공사 기간은 23일 정도였는데, 발품을 팔고 고민한 시간은 4~5개월 정도 된 것 같아요. 시간 날 때마다 인테리어 관련 책을 찾아보고, 방산시장에 가서 자재를 구입했어요. 회사에서 일하다가 점심시간에 잠깐 들러 공사 진행 과정을 꼼꼼히 살피기도 했고요."

집을 꾸미는 일은 아내가 주도하는 경우가 대부분인데, 남편 김형준 씨도 인테리어에 관심이 많아 부부가 함께 재미있는 시간을 보냈다.

전체적으로 그레이와 화이트 컬러를 쓰고, 부부가 좋아하는 골드와 핑크 컬러 소품을 활용해 발랄함을 더한 집. 취향에 꼭 맞는 집이 완성되니 외식하기도 싫을 만큼 집에 대한 애착이 커졌다. 주말마다 펜션에 놀러 가는 횟수도 줄었다. 마음에 드는 공간에서 가장 편한 차림으로 맛있는 음식을 먹고 차를 마시는 시간이 그 무엇보다 달콤하다. '모든 것이 우리 스타일로 꾸며진 우리 집'에 살게 된 부부는 세월이 흐를수록 달콤함이 더욱 진해지기를 바란다.

공간의 중심; 주방

Kitchen

행복이 맛있게 익어가는 주방

"요리를 하면서 가족들과 대화를 나눌 수도 있고, 주방 일을 하기 쉽게 동선이 짧으면 좋겠어요." 머릿속에 그리는 주방의 모습은 제각각이지만 원하는 것은 다 똑같지 않을까. 부부는 머리를 맞대고 아이디어를 모아 20평형대에서는 볼 수 없는 주방을 만들었다. 부부는 집에서 가장 자랑하고 싶은 공간으로 주방을 꼽았다. 음식을 만드는 사람과 먹는 사람의 거리가 가까워 대화가 끊이지 않는 주방. 집에 놀러온 지인들도 늘 주방을 부러워한다.

주방은 거실 다음으로 부부가 자주 만나는 공간인 만큼 신경을 많이 썼다. 주방을 더 넓게 쓰고 싶어서 베란다를 확장하고 후드와 수전의 위치도 바꿨다. 아내 원효진 씨는 등을 돌리고 요리하는 구조는 소외감이 들어서 싫었다. 그리고 이전의 집 주방이 너무 작아서 '이번에는 정말 근사한 주방을 만들어야지'라는 욕심과 로망을 품었다.

"거실을 바라보면서 요리할 수 있는 구조를 갖고 싶었어요. 그래서 후드의 위치를 바꾸면서까지 주방을 고치게 되었죠. 남편과 주방에서 식사하고 차를 마시면서 곧 태어날 아이부터 미래에 대한 이야기까지 많은 대화를 나눠요. 가장 마음에 드는 공간에서 함께 이야기를 나누다 보면 행복한 기운이 몸 안 가득 차오른답니다."

● **POINT 1**

미니 카페

베란다를 확장하고 수납장을 놓은 다음 커피 머신과 도구들을 올려
두니 카페 같은 공간이 탄생했다.

● **POINT 2**

모던함에 생동감을 더한 식탁

식탁을 선택할 때 고민이 많았다. 원하는 자리에 딱 맞는 130센티
미터짜리 대리석 식탁을 찾을 수 없어서 맞춤 제작을 했다. 모던하고 고
급스러운 느낌을 연출하기 위해 대리석을 선택했다. 요즘은 저렴한
대리석 가구도 많다. 깔끔한 대리석에 골드와 핑크 의자로 포인트를
주니 주방에 생동감이 넘친다.

 POINT 3

쓰임에 맞춘 싱크대

싱크대 하부장은 바닥과 연결되어 보이도록 컬러를 맞췄다. 화이트 컬러의 상부장은 대리석 벽을 많이 가리지 않고 키보다 너무 높지 않게 맞추려고 일반 사이즈보다 작게 제작했다. 우려와 달리 수납하는 데 부족함이 없다.

● **POINT 4**

조명 같은 후드

후드 위치를 바꾸기로 결정하고 다양한 자료를 찾아보다 거실 방향으로 놓을 거라면 조명 역할까지 하면 좋을 것 같다는 생각이 들었다. 조명으로도 사용하고 인테리어 포인트도 될 수 있는, 후드 같지 않은 후드를 찾던 중 엘리카(Elica) 제품을 발견하고 해외 직구로 구입했다.

Living room: 거실

상상했던 느낌 그대로

모던하고 심플한 분위기를 내기 위해 바닥은 그레이 컬러로 어둡게, 벽과 천장은 화이트 컬러로 밝게 연출했다. 차콜 그레이 컬러의 강마루를 바닥에 깔기로 결정하고 나서도 옳은 선택인지 고민이 많았다. 바닥 컬러가 어두운 집을 별로 보지 못했기 때문이다. 하지만 결과는 대만족이었다. 강마루에 우드 무늬가 들어 있어 자연스럽고 상상했던 느낌 그대로였다.

깔끔한 것을 좋아하는 부부는 거실 한쪽 벽을 대리석으로 꾸미고 TV는 벽에 걸었다. 전선도 TV 벽 뒤에 전부 매립했다. 심플한 공간에 핑크와 골드 컬러의 소품들로 포인트를 주니 부부의 취향에 딱 맞는 거실이 완성되었다.

● POINT 1

발품으로 찾아낸 큰 사이즈 타일

거실 한쪽 벽면에는 대리석 타일을 붙였다. 부부
가 직접 방산시장을 다니면서 찾아낸 타일이다.
일반적으로 800×400 사이즈의 타일을 많이 사
용하는데 조금 더 시원하고 특별한 느낌을 주고
싶어서 800×600 사이즈를 선택했다.

● POINT 2

그레이 컬러의 소파

거실 바닥 컬러에 맞춰 소파도 그레이 컬러로 선
택했다. 소파 등받이 밑에 아크릴 판을 대고 액자
를 올려 밑으로 내려앉는 것을 방지했다.

● POINT 3

인테리어 포인트 2인조, 액자와 화분

그림은 비싸다는 생각에 가까이하기 쉽지 않은데 부담스럽지 않은 가격대
도 많다. 액자를 좋아하는 부부는 최대한 저렴하면서 집에 잘 어울리는 그
림을 사서 다양하게 활용한다. 에어컨 옆에 액자를 세우니 지저분한 콘센
트와 선들이 감쪽같이 가려질 뿐 아니라 인테리어 효과도 있다.
액자 옆에는 양재꽃시장(aT 화훼공판장)에서 직접 고른 아가베 아테누아타
를 두었다. 그레이 & 화이트 컬러에 싱그러운 포인트가 되고, 시선이 많이
닿는 곳에 화분을 두니 심리적인 안정감도 느껴진다.

Bedroom: 침실

쉼에 집중한 침실

침실은 하루의 피로를 푸는 곳인 만큼 편히 쉴 수 있는 아늑한 분위기로 꾸몄다. 메인 컬러를 화이트로 정하고 모던한 느낌을 더하기 위해 한쪽 벽면을 블루 컬러로 포인트를 주었다.

Dressing room: 드레스룸

수납장으로 공간 활용도를 높인 드레스룸

콤팩트한 사이즈의 방을 드레스룸으로 사용하고 있다. 아내 원효진 씨에게 주방이 중요하듯, 남편 김형준 씨에게 중요한 곳은 드레스룸이다. 작은 공간일수록 수납이 중요하기 때문에 전부 맞춤으로 제작했다. 드레스룸에 꼭 맞춘 수납장 덕분에 좁은 공간을 넓게 사용할 수 있어서 만족스럽다.

Study room: 서재

군더더기 없는 깔끔한 서재

곧 아이가 태어나면 바꿀 예정이지만 지금은 남편의 서재로 사용하고 있다. 신혼집에서부터 사용하던 가구들로 군더더기 없이 꾸몄다. 책장의 블랙 프레임이 바닥과 조화를 이뤄 더 정돈되어 보인다. 필요한 것만 채운 심플한 서재에 이케아의 스탠드 조명과 액자는 좋은 포인트가 된다.

엄마의 품처럼 아늑한 집

89㎡ ↔ 27평

주오뉴 씨 가족이 사는 단독주택

부부와 두 아들은 집을 정말 좋아한다. 이들에게 집은
지치고 힘들 때면 자연스럽게 찾는 엄마의 품과 같은
곳이다. 집을 꾸밀 때 반드시 지키고자 한 것은 불편하
지 않아야 한다는 것. 예쁘면서도 편안하고 안락한 집
을 만드는 것이 가족의 목표였다. 모델하우스 내부의
스타일링을 책임지는 일을 하고 있는 주오뉴 씨의 감각
을 바탕으로 시간과 노력을 들여 상상했던 공간을 성공
적으로 만들어냈다.

STORY

100% 셀프 인테리어,
만족도 100%

부부가 살고 있는 단독주택은 20여 년 전 시부모님께서 직접 지은 집인데, 둘째를 가지면서 들어와 살게 되었다. 처음에는 부모님이 2층, 부부는 1층을 사용했다. 원래 층 사이가 내부 계단으로 이어져 있었는데, 아이들이 크면서 2층 입구를 집 밖으로 내고 부부와 아이들이 2층으로 옮겼다.

"분가 아닌 분가를 한 지 3년 정도 되었어요. 우리 가족만의 공간이 생긴 후 그동안 참아왔던 인테리어 욕망을 분출하기 위해 다양한 시도를 많이 했죠. 블라인드와 커튼을 활용하기도 하고, 그레이, 핑크 등 여러 가지 컬러로 페인트칠도 해봤어요. 현재의 모습도 취향이 바뀌고 가구를 교체하면서 또 달라질 거예요."

2018년 1월 1일, 새해가 밝자마자 지금의 모습을 향한 리모델링이 시작되었다. 욕실을 제외하고 방 위치, 벽, 바닥, 가구까지 모든 것을 바꾸는 대공사였다. 집에 머물면서 셀프 리모델링을 하기가 쉬운 일은 아니었다. 하지만 완성했을 때의 만족감은 쓰디쓴 과정을 잊게 할 만큼 달콤했다. 부부가 계속해서 셀프 인테리어에 도전하는 이유도 그 때문이다.

"홈스타일링이 직업이다 보니 문득 떠오르는 콘셉트가 있으면 집에서 테스트를 해보기도 하고, 새로 들인 가구에 따라 벽 컬러를 바꾸기도 해요. 벽 컬러를 바꾸는 것은 집 안 분위기를 전환하는 데 효과 만점이에요. 꽤 고생스럽기는 하지만요. 페인트칠을 할 때 거의 남편이 도와주는데, 힘든 내색 한 번 하지 않아 늘 고맙게 생각해요."

예쁘고 안락한 집을 꾸미기 위해 힘든 수고를 마다하지 않는 가족. 이들의 손에서 시간의 흐름에 따라 변화할 다음 모습이 기대된다.

공간의 중심;
거실

Living Room

노력한 만큼 원하는 모습으로 탄생한 거실

방이었던 공간을 거실로 만들기로 결정하고 가장 먼저 바꾼 것은 바닥이다. 장판이 깔려 있던 바닥을 유광 폴리싱 타일로 교체했는데, 처음 시도하는 셀프 시공이었다. 드라이픽스라는 접착제를 바르기 전에 전체 벽을 비닐로 덮고, 균형이 맞지 않는 바닥을 고르게 맞추면서 한 장 한장 붙여나갔다. '이렇게 힘들 줄 몰랐다'고 입을 모을 정도로 모든 과정이 고생스러웠다. 하지만 완성된 바닥을 본 순간 힘들었던 순간이 하나도 생각나지 않을 만큼 만족스러웠다. 시작할 때는 타일을 바닥에 맞춰 딱딱 붙이기만 하면 될 줄 알았다. 하지만 남편의 인내심이 없었다면 마무리하지 못했을 고난도 작업이었다.

다음 도전 과제는 벽이었다. 3가지 컬러였던 벽을 바닥에 맞춰 화이트 컬러로 바꾸기로 했다. 벽을 칠할 때는 맨 먼저 젯소를 발라주는 것이 중요하다. 원래 컬러가 진할수록 젯소 작업은 필수다. 최소 2회, 가능하면 3~4회 정도 하는 것이 좋다. 젯소 작업을 제대로 해야 그 위에 페인트를 칠했을 때 원하는 컬러가 나온다. 이렇게 완성한 화이트 컬러의 공간에 빛이 스며드는 커튼을 달고, 진한 우드 수납장과 소파, 감각적인 소품들을 배치했다. 거실이라는 공간 전체가 가족이 모여 앉아 도란도란 이야기를 나누며 쉴 수 있는 차분하고 편안한 느낌으로 완성되었다.

● **POINT 1**

빛이 스며드는 커튼

답답해 보이지 않도록 빛이 그대로 스며드는 커튼을 달았다. 속커튼으로 쓰는 원단 중 비교적 두꺼운 것으로 만들었다.

● **POINT 2**

픽처 레일로 갤러리처럼

천장 몰딩 라인을 따라 픽처 레일을 설치해 어느 방향에서든 그림과 소품을 걸 수 있다.

● **POINT 3**

우드 컬러의 힘

화이트 컬러의 거실에 진한 우드 수납장으로 포인트를 주니, 공간 전체에 차분하고 편안한 기운이 감돈다.

● **POINT 4**

공간 활용과 인테리어, 둘 다 잡다!

거실에 놓은 데이베드 소파는 그야말로 스마트한 아이템이다. 일반 소파에 비해 높이가 낮기 때문에, 부부의 집처럼 탁 트인 거실이 아니라면 공간이 넓어 보이는 효과를 준다. 소파 위에 올려둔 쿠션은 직접 만든 것이다.

● **POINT 5**

하나뿐인 미니 테이블

수납장과 소파에 잘 어울리는 테이블을 찾을 수 없어서 마음에 드는 디자인으로 직접 제작했다.

Kitchen: 주방

주방인 듯 아닌 듯, 세련된 공간

현관에서 바로 보이는 곳이 주방이다. 그중 맨 먼저 눈에 들어오는 싱크대에 신경을 많이 썼다. 싱크대보다는 수납장 느낌이 들도록 서랍형 80퍼센트에 미닫이문 20퍼센트 비율로 제작하고 상부장을 거의 떼어냈다. 현관을 들어설 때 답답한 느낌을 없애고 싶어서 내린 선택이었다. 생활하다 보니 상부장을 사용할 일이 별로 없어 불편하지 않다. 상부장 대신 선반을 설치하니 물건을 꺼내기도 쉽고 계절감을 느낄 수 있는 소품들을 놓으면 기분 전환도 되어서 좋다. 여기에 화이트 컬러의 커다란 테이블을 두니 주방 전체가 깔끔하게 변했다.

● POINT 1

카페 같은 레일 조명
선반 길이에 맞춰 레일 조명을 설치하니 카페에 온 느낌이다.

● POINT 2

직접 시공해 더 예쁜 주방 벽

주방 한쪽 벽은 모자이크 타일로 셀프 시공을 했다. 따뜻한 느낌을 주고 싶어서 무광 타일을 선택하고, 시간이 날 때마다 장인정신으로 한 장 한장 붙여나갔다.

● POINT 3

활용도 만점인 주방 선반

상부장을 일부 떼어내고 설치한 선반은 이케아 제품이다. 까치발을 들지 않고도 편하게 사용할 수 있는 높이에 두께가 있는 선반이다. 청소하기 번거로울 것 같아 고민했는데 이외로 관리하기도 쉽고 소품을 교체하는 것만으로도 분위기가 달라져서 만족스럽다. 기분에 따라 선반 위에 놓는 소품이나 그릇을 바꾸는데, 수시로 먼지를 닦아줘야 하는 번거로움도 기꺼이 감수할 만큼 좋아하는 공간이다.

● POINT 4

비슷한 것을 나란히

선반 위에 비슷한 컬러와 소재의 소품을 올리면 계절에 따라 조금만 변화를 줘도 집 안 분위기가 달라지고 물건이 많아도 깔끔해 보인다.

Kid room: 아이 방

형제간의 평화를 위한 굿 아이디어!

성격도 다르고 나이 차이도 꽤 나는 두 아들이 방 하나를 같이 쓰는 것은 거의 전쟁에 가깝다. 어느 집이나 마찬가지일 것이다. 두 아들의 개인 생활을 존중하고, 가정의 평화를 유지하기 위해 가벽을 세워 방을 분리했다. 통로가 되기도 하고 문이 되기도 하는 가벽 아이디어 덕분에 두 아들은 자신만의 공간을 가지게 되었다.

● POINT 1

깔끔한 큰아들의 방

중학생이 되는 큰아들의 방에는 책상과 침대, 취미로 치는 전자 피아노가 놓여 있다. 필요한 것만으로 군더더기 없이 꾸몄다.

● POINT 2

동화 같은 작은아들의 방

작은아들의 방에는 오각형 창문이 있다. 특이한 모양의 창문 덕에 다락방 느낌도 나고, 동화 속에서 노는 듯한 기분도 난다. 동화 같은 방 분위기에 맞춰 기존에 있던 벽을 집 모양으로 뚫어서 통로를 만들었다. 자유롭게 오갈 수 있고, 혼자 있고 싶을 때는 레일 책장을 문으로 사용해서 닫을 수 있다.

Bedroom: 침실

휴식을 위한 심플한 침실

부부의 방에는 침대와 최소한의 소품이 전부다. 침실에서는 그야말로
아무런 방해 없이 휴식에 집중할 수 있다. 계절에 따라 분위기를 바꾸
고 싶을 때는 액자를 활용하는 것만으로 충분하다.

Dressing room: 드레스룸

신발장의 이유 있는 변신

원래 쓰임 그대로가 꼭 정답은 아니다. 신발을 넣
으면 신발장, 옷을 넣으면 옷장, 상황에 따라 유용
하게 쓰면 그만이다. 부부는 화이트 컬러의 이케아
신발장을 옷장으로 사용하고 있다. 폭이 좁은 드레
스룸에 딱 맞고 먼지가 들어가지 않아서 좋다. 수
건과 아이 옷 등을 칸마다 정리해 두면 아이들 스
스로 찾기도 쉽다.

절제된 멋이 묻어나는 신혼집

 95㎡ ↔ 28평

이윤아·김민구 부부의 아늑한 신혼집

모든 집에는 저마다의 색깔이 있고, 그 색깔은 사는 사람의 취향과 맞닿아 있다. 이윤아·김민구 부부의 신혼집은 화려하지 않아도 멋스럽고 채우지 않아도 따뜻하다. 필요한 것만을 허락하는 미니멀 라이프를 실천 중인 부부의 아늑한 공간을 공개한다.

STORY

미니멀 라이프를 실천하다

공항으로 출퇴근을 하는 남편 김민구 씨를 위해 신혼집을 인천에 마련하기로 하고, 2018년 10월에 이사를 왔다. 도예 전공자로 '카루셀리'라는 숍을 운영 중인 아내 이윤아 씨는 자신의 취향을 반영한 감각적인 신혼집을 꿈꿨다. 신혼집에 대한 로망의 크기만큼 욕심이 따랐고 위시 리스트가 쌓여갔다.

"지금의 집을 처음 봤을 때 따뜻하고 밝은 분위기가 마음에 쏙 들었어요. 그래서 그 분위기를 해치고 싶지 않았죠. 오히려 그 분위기 속에 스며들고 싶었답니다."

인테리어 욕심이 순식간에 사그라질 만큼 집 분위기에 반한 아내 이윤아 씨는 집의 첫인상을 되새기며 인테리어를 계획하고 가구와 소품을 최소화했다.

아내 이윤아 씨는 결혼 전까지만 해도 유행하는 아이템을 많이 사들이는 편이었다. 마음이 끌렸다거나 필요해서 구입한 것이 아닌, 단지 트렌디하다는 이유로 사들인 물건들은 금방 싫증이 났다. 왜 샀을까, 스스로를 책망하고 후회했던 수많은 나날을 교훈 삼아 신혼집을 꾸밀 때는 소품 하나, 가구 하나도 내 마음이 끌리는 것으로 선택하겠다고 마음먹었다.

'보여주기 위한 물건이 아닌, 나를 위한 물건을 살 것.' 그러다 보니 자연스럽게 미니멀 라이프를 추구하게 되었다. 부부의 신혼집에는 쓸데없이 놓인 물건이 없다. 독보적인 존재감을 뽐내는 화려한 소품도 없다. 오직 공간의 목적에 맞는 최소한의 가구만 존재한다. 부부의 집을 방문한 손님들은 너무 휑한 것 아니냐고 말한다. 하지만 '필요한 것만 두고 살자'고 마음먹은 부부는 오히려 그 소리가 듣기 좋다. 남이 아닌 나에게 집중할 수 있는 공간이 생기자 집에 있는 시간이 좋아지고 집에서 무엇을 하든 흥미롭다는 부부. 집의 가치, 집의 소중함을 다시금 생각하게 된다.

공간의 중심; 거실

Living Room

● POINT 1

휴식을 더 편안하고 달콤하게

새집이라 인테리어 공사는 따로 하지 않고 매립등만 설치했다. 부드러운 그림자를 만들어 공간에 편안한 기운을 스미게 하는 매립등은 부부가 맥주 한잔을 마시거나 음악을 들으며 휴식을 취할 때 분위기를 더한다.

미니멀이 주는 편안함

깔끔하고 차분한 거실에 허투루 놓인 물건은 단 하나도 없다. 그레이 컬러의 벽지에 맞춰 고른 커다란 소파와 원목 느낌의 작은 테이블, 창밖의 빛을 그대로 투영하는 커튼이 전부다. 화려하지 않고 군더더기 없는 인테리어가 아늑하고 편안함을 준다.

가족에게 집중할 수 있는 아늑한 공간을 계획했기에 가구는 베이지와 그레이 컬러 등 무채색으로 선택했고, 밋밋할 수 있는 공간을 디자인이 독특한 테이블로 보완했다. 테이블은 디자인이 너무 마음에 들어서 큰 사이즈로 하나 더 주문 제작했다. 같은 디자인의 사이즈가 다른 테이블 2개를 놓으니 아늑한 분위기에 멋을 더한 공간이 완성되었다. 부부가 거실 인테리어에서 가장 신경을 많이 쓴 부분은 조명이다. 아내 이윤아 씨의 작업을 위해, 부부의 달콤한 휴식을 위해 거실에 설치한 매립등은 집 안 분위기를 한층 더 아늑하게 만든다.

● **POINT 2**

그레이 컬러의 'L' 자형 소파

좁은 공간을 고려해 밝은 톤의 'L' 자형 소파
를 선택했다. 공간을 감싸는 'L' 자형 구조가
오래 머물고 싶은 느낌을 연출한다.

● **POINT 3**

공간에 멋을 더하는 2개의 테이블

자칫 단조로워 보일 수 있는 거실에 디자인은 같지만 사이즈가 다른 테이
블 2개를 놓아 멋을 더했다. 합판에 스테인 도장을 한 작은 테이블은 기성
제품으로 가격도 비싸지 않다.

● POINT 1

화려함보다 좋은 순백의 식탁

부드러운 느낌의 원형 식탁은 이케아 제품으로 가격도
저렴하다(25만 원 정도). 화이트 컬러의 식탁은 음식과
그릇을 돋보이게 하는 도화지 역할을 톡톡히 한다.

Kitchen: 주방

부족함 없는 있는 그대로의 주방

기존의 'ㄷ' 자형 주방을 그대로 두었다. 수납공간이 많은 편이기도 하고, 부부가 원하는 미니멀 라이프와도 맞아떨어져 인테리어의 필요성을 느끼지 못했다. 아내 이윤아 씨는 이곳에서 요리하고, 완성된 음식과 직접 만든 그릇을 촬영하기도 한다.

● POINT 2
멋스러운 곡선의 무광 조명
식탁 위의 조명은 이케아 제품이다. 매력적인 곡선과 무광 화이트 컬러가 마음에 들었다. 나중에 교체할 것을 고려해 부담스럽지 않은 가격대로 골랐다.

● POINT 3
심플 & 내추럴
아내 이윤아 씨의 취향은 푸드 스타일링 사진에서도 여실히 드러난다. 요리를 돋보이게 하는 화이트 컬러의 테이블, 화려하지 않아 더 멋스러운 식기, 영화의 완성도를 높이는 명품 조연 같은 소품들. 작은 식탁 위에서 느껴지는 절제된 멋스러움이 집 전체에 고스란히 스며 있다.

Bedroom: 침실

쉼에 집중할 수 있는 안락한 침실

부부의 침실은 편히 잠들고 싶은 바람이 고스란히 느껴지는 공간이다. 침실에는 침대와 서랍장, 의자, 스탠드 조명뿐이다. 하루의 피로를 푸는 공간으로 쉼에 집중할 수 있도록 최대한 안락하게 연출했다.

● POINT 1
의자의 성공적인 변신

침대 옆에 심플한 디자인의 의자를 두어 미니 테이블로 사용하고 있다. 의자 위에 조명, 책, 향초 등을 두면 실용적이면서 인테리어 효과도 볼 수 있다. 공간에 자연스럽게 스며드는 심플한 디자인의 의자는 이케아 제품이다.

Study room: 서재

몰입을 위한 공간, 서재

남편 김민구 씨를 위한 공간이다. '몰입'이라는 서재의 용도를 고려하여 공부에 집중할 수 있도록 화이트 컬러의 책상 하나만 두었다. 각진 구석에 쏙 들어가 공간 활용에 좋은 책상은 이케아 제품이다.

PART 2

라이프스타일에 맞춘
30평대 인테리어

아내와 남편, 그리고 아이.

큰 울타리 속에 각자의 개성이 묻어난 공간들이 조화롭게 얽혀 있는 집은

다채로우면서도 하나의 컬러를 띠는 독특한 매력을 풍긴다.

라이프 스타일에 따라 드레스룸, 서재, 홈카페 등을 만들고,

계절과 생활의 변화에 따라 집의 표정을 바꾸는 닮고 싶은 집을 소개한다.

99㎡ ↔ 30평

주성현·강애리 부부와
곧 태어날 아들이 함께 살아갈 아파트

오랫동안 타지에서 생활해 온 강애리 씨가 남편 주성현 씨를 만나 일산에 터를 잡았다. '좋은 동반자를 만나 아늑한 공간에서 함께 살아가는 것'을 행복한 삶이라고 여기는 그녀는 신혼집은 무조건 포근하고, 따뜻하고, 편안해야 한다고 생각했다. 그렇게 마음이 시키는 대로 하나씩 꾸며나간 결과 마침내 상상 속의 공간을 현실에서 만들어낼 수 있었다.

STORY

부부의 첫 합동 미션,
'세월의 흔적 없애기'

어릴 적부터 서울에 올라와 혼자 생활했던 강애리 씨는 집에 대한 서러움과 소중함을 누구보다 절실히 느껴왔다. 그런 경험에 따라 자연스럽게 집이라는 공간이 주는 특유의 안정감을 중요하게 여기게 되었다.

"신혼집은 머물고 싶은 아늑한 공간으로 꾸미고 싶었어요."

환하게 웃는 모습이 꼭 닮은 부부는 2018년 8월부터 일산에서 신혼 생활을 시작했다. 모던하고 아늑한 지금의 집은 지은 지 18년 된 오래된 아파트다. 3베이(거실과 방 2개가 베란다를 통해 외부로 노출되는 구조) 구조에 넓은 발코니, 채광이 좋은 남향이라는 장점이 있지만, 결로에 의해 욕실 타일이 부분적으로 떠 있었고, 싱크대가 무너져 내리는 등 집 안 곳곳에 세월의 흔적이 배어 있었다.

이곳을 신혼집으로 결정하고 부부에게 주어진 첫 합동 미션은 '세월의 흔적을 없애는 것'이었다. 인테리어 콘셉트를 신혼집에 어울리는 환하고 모던한 느낌으로 정하고, 메인 컬러를 화이트, 그레이, 블랙으로 선택했다. 이렇게 인테리어 대장정이 시작되었다.

오래된 아파트를 원하는 공간으로 바꾸기 위해 부부는 열심히 검색하며 공부했다. 인스타그램, 블로그, 페이스북의 관련 게시글들은 인테리어 초보인 부부에게 좋은 스승이 되었다. 실패 가능성을 줄이기 위해 가구 하나를 살 때도 검색과 고민을 거듭했다. 바닥에 물건이 많으면 청소하기 번거로울 것 같아 가구를 최소화하고 수납장을 많이 두는 등 디테일한 부분까지 신경 썼다.

"나는 동그란 모양보다 육각형을 좋아하는구나, 무광보다 유광을 좋아하는구나, 반짝이는 것을 좋아하는구나, 이런 자신의 취향을 하나씩 발견하는 것이 꽤 즐거운 경험이었어요."

아내 강애리 씨는 인테리어를 하는 과정에서 농담 반 진담 반으로 직업을 바꿀까 하는 생각을 해볼 만큼 집 꾸미는 재미에 푹 빠졌다고 한다.

조명이 환하게 비추는 현관, 심플함이 돋보이는 거실, 앞으로 태어날 아기를 위해

미리 마련한 아이 방, 감각적인 주방과 순백의 침실. 단열과 조명까지 하나하나 오랜
시간 마음을 쏟은 만큼 더없이 포근하고 아늑한 공간이 탄생했다.

　곧 태어날 아이의 웃음과 세 가족의 추억으로 집 안 곳곳에 행복한 기운이 스며
들기를, 그리하여 세월이 흐를수록 더 환하게 빛나는 집이 되기를 바란다.

공간의 중심; 거실

Living Room

심플함이 매력적인 거실

심플한 것을 좋아하는 부부의 취향에 따라 거실에는 꼭 필요한 가구만 최소한으로 두었다. 그리고 허전해 보일 수 있는 빈 공간은 그레이톤의 포인트 컬러와 조명으로 채웠다. 부부의 인테리어 센스를 통해 오래된 아파트라는 것을 조금도 느낄 수 없는 심플하고 감각적인 거실이 탄생했다.

거실에서 가장 많이 신경 쓴 부분은 아트월이다. 시공 업체 선정에만 2개월이 걸릴 정도로 공들인 공간이다. 벽면의 대리석은 유광과 무광 중에 고민하다 대리석의 생명은 반짝이는 것인 만큼 유광을 선택했다.

거실에서 시선을 끄는 또 하나는 큰 거실창을 마주하고 있는 원목 테이블이다. 부부의 집은 20층이다. 좋은 전망을 감상하고 따스한 햇살을 느끼며 차도 마시고 책도 읽을 공간이 있으면 좋겠다는 생각이 들었다. 그래서 심플한 디자인의 테이블을 원하는 공간에 딱 맞춰 주문 제작해 창가에 두었다. 부부의 취향이 듬뿍 묻어난 거실, 이곳이 하루의 피로를 내려놓고 온전한 휴식을 취할 수 있는 공간이 되기를 희망한다.

● POINT 1

원하는 대로 실현된 블라인드

블라인드가 밖으로 나오면 지저분해 보일
것 같아 시공 업체에 부탁해 흔하지 않은 방
식이지만 블라인드를 이중창 안으로 집어넣
었다.

● POINT 2

**튀지 않고 공간과 어울리는
그레이 톤의 거실 바닥**

처음에는 거실 바닥 컬러를 화이트로 계획
했지만 바닥에 떨어진 머리카락도 덜 보이
고 여러모로 좋을 것 같아 그레이 컬러로 바
꿨다.

● POINT 3

작은 테이블이 주는 따스한 기운

전면 유리를 통해 사시사철 변화하는 계절
을 감상할 수 있다. 손님이 방문했을 때는
훌륭한 카페가 된다.

● **POINT 4**

집의 얼굴로 선택받은 독특한 아트월

심플한 거실에 반짝이는 대리석이 포인트가 되었다. 시계는 매립형이
기에 고장이 잘 나지 않는 로이레트니(Roiretni)로 선택했다.

● **POINT 5**

은은하게 비추는 매립 조명

천장이 높지 않아 시야를 가리지 않도록 거실의 모든 조명을 매립형
으로 설치했다. 덕분에 거실이 더 심플해졌다. 은은한 조명은 맥주 한
잔을 마시며 영화를 보는 달콤한 저녁 시간을 선물한다.

Kitchen: 주방

시야가 탁 트인 오픈 주방

인테리어를 하기 전에는 거실과 주방 사이에 냉장고 가림막 역할을 하던 가벽이 있었다. 그런데 그 가벽 때문에 집이 답답하고 좁아 보였다. 가벽을 허물고 아일랜드 식탁을 놓으니 답답했던 공간이 오픈 주방으로 재탄생했다. 예쁜 주방에 집이 전체적으로 더 넓어 보이는 효과까지, 가벽 하나를 허물고 얻은 효과는 생각보다 훨씬 컸다.

● **POINT 1**

아내의 취향이 담긴 싱크대

싱크대는 한샘키친에서 시공했다. 답답해 보이지 않도록 상부장의 길이도 짧게 조정하고, 인덕션 밑에는 틀을 만들어 오븐을 빌트인처럼 넣었다. 싱크대 상부장 아래는 간접조명을 설치해 아늑한 분위기를 연출했다. 아내 강애리 씨가 가장 좋아하는 조명이라고 한다.

● **POINT 2**

냉장고가 숨겨진 비밀의 공간 베란다

냉장고는 주방과 이어진 베란다에 두었다. 깔끔한 주방을 위해 불편함을 감수한 결정이었는데, 문만 열면 되니 생각보다 편리하다. 평소에는 베란다가 보이지 않도록 블라인드를 내려둔다. 결로가 심했던 베란다는 결로와 단열 공사까지 더욱 신경 썼다.

● POINT 3

개성 있는 주방을 위한 신의 한 수, 헤링본 타일

무늬가 없는 화이트 컬러 타일은 주방이 너무 밋밋해 보일 것 같아 헤링본 무늬를 선택했다. 결과적으로 개성 있는 주방을 만드는 신의 한 수가 되었다. 요리할 때 기름이 튀어도 닦기 편하도록 타일도 큰 것을 선택했다.

● POINT 4

넘치지도 부족하지도 않은 디자인

주방 등을 고르는 데만 꼬박 하루가 넘게 걸렸다. 부부의 집에서 유일하게 길게 내려온 조명이다. 심플하면서도 화려한 디자인의 조명이 개성 있는 주방에 아주 잘 어울린다. 공간조명 제품이다.

● POINT 1

은은한 분위기의 일등 공신, 간접조명

T5 간접조명을 사이즈에 맞게 구입해서 침내 프레임 밑에 실치하니 빙 분위기가 확 달라졌다. 부부는 공간을 은은하게 밝히는 매력에 간접조명을 사랑하지 않을 수 없다고 한다. 간접조명 덕분에 침실은 부부가 좋아하는 포토존이 되었다.

Bedroom: 침실

군더더기 없는 순백의 침실

방이 넓은 편이 아니어서 화이트로 콘셉트를 잡았다. 그리고 눈여겨 봐 두었던 벤스의 바르셀로나 킹 사이즈 프레임으로 침실을 채웠다. 침대만으로 꽉 차는 공간이라 고민이 많았지만 다른 가구를 포기할 만큼 욕심이 났다. 걱정 반 기대 반으로 침대를 들여놓고 보니 다행히 부부의 마음에 쏙 들었다. 눈부신 햇살을 받으며 잠에서 깨어나는 아침을 위해 통유리 섀시로 교체하고 암막 커튼은 하지 않았다.

● POINT 2
앱으로 켜고 끄는 스마트 조명

처음에는 포인트가 되는 조명을 고르려다 아이를 생각해서 앱으로 켜고 끌 수 있는 조명을 선택했다. 조명 컬러도 바꿀 수 있어 재미있다.

● POINT 3
거실 욕실과 닮은 듯 다른 안방 욕실

거실 욕실 바닥과 통일성을 위해 안방 욕실 바닥도 육각 타일로 시공했다. 안방 분위기에 맞춰 벽면은 심플한 화이트 컬러의 타일을 사용하니 더 환하고 넓어 보였다. 거실 욕실과는 또 다른 개성을 가진 안방 욕실이 완성되었다.

Kid room: 아이 방

사랑이 가득한 아이 방

안방 맞은편에 마련한 아이 방은 투톤의 벽지로 포인트를 주었다. 핑크 컬러의 벽지 때문인지 공간 가득 사랑스러운 기운이 느껴진다. 방과 연결된 베란다는 아이가 넘나들기 편하도록 바닥과 높이를 맞추는 단 높임 시공을 했다.

● **POINT 1**

아기의 친구가 되어줄 동물 액자

보기만 해도 웃음이 나는 귀여운 동물 액자를 벽에 걸어두니 분위기가 더욱 아기자기하다. 아이 방 인테리어의 마지막 퍼즐이 완벽하게 맞춰진 느낌이다.

● **POINT 2**

아기를 위한 디자인 조명

조명에도 귀여움이 뚝뚝 묻어난다. 아이 방과 연결된 베란다에는 아이의 마음에 쏙 들 비행기 모양의 조명을 설치했다.

● **POINT 1**

모던한 중문과 포인트 조명

블랙 컬러의 중문과 간접조명은 찰떡궁합!
인테리어를 할 때 조명에 조금만 신경 써도
훨씬 더 만족스러운 공간이 탄생한다는 부부
의 말처럼, 모던하면서도 화려하고 멋진 현
관이 탄생했다. 조명은 공간조명 제품이다.

Entrance: 현관

화려하면서도 편리한 현관

집의 첫인상을 좌우하는 공간인 만큼 현관은 무조건 밝아야 한다는
생각으로 조명을 최대한 많이 설치했다. 신발장 센서등에 간접조명까
지 설치하니 좁은 공간이 화사하게 완성되었다. 현관은 확장 공사를
하고, 신발장에 빈틈없이 수납공간을 만들어 편리성을 높였다.

Dressing room: 드레스룸

조명이 포인트가 되는 드레스룸

현관 쪽에 붙은 방은 드레스룸으로 사용하고 있다. 결로가 심했던 방이어서 결로 공사와 단열 공사를 했다. 가구는 화이트 컬러로 통일하고 공간을 더 넓게 쓰기 위해 화장대를 별도로 두지 않고 3단 서랍장을 사용한다. 이 방의 포인트 역시 조명이다. 아내 강애리 씨는 인테리어를 할 때 조명을 세심하게 신경 쓰면 공간의 완성도가 더욱 높아진다고 팁을 알려준다.

Bathroom: 욕실

노력의 산물, 감각적인 욕실

육각 타일로 그러데이션을 만들기 위해 타일 선정부터 시공까지 어느 것 하나 쉬운 것이 없었다. 육각 타일은 수평 맞추기부터 시공의 모든 단계가 까다롭고 시간이 많이 걸리는데도 포기할 수 없었다고 한다. 대신 세면대와 변기는 최대한 청소하기 편한 모양으로 선택했다.

모던한 세상 속에서

화려함을 외치다

99㎡ ↔ 30평

김대훈·박새봄 부부와
아들 도형이 함께 사는 아파트

봄에는 장미꽃에 맞는 핑크 톤의 쿠션을, 여름에는 트
로피컬 문양의 패브릭이나 식물을, 가을에는 스웨이
드나 브라운 톤의 러그를, 겨울에는 크리스마스 무드
를……. 도화지처럼 새하얀 공간에 계절별로 새로운 그
림을 그리는 박새봄 씨에게 집이란 어떤 의미일까. "저
마다 자신을 표현하는 방법이 다르잖아요. 누군가에게
는 그 수단이 옷일 수도 있고 구두나 수트일 수도 있죠.
저에게는 집이 그런 의미예요. 제 아이덴티티를 가장
잘 표출할 수 있는 창구이자 끊임없이 영감을 주는 공
간이죠."

이국적인 반짝임이 눈을 사로잡는 집

결혼 3년 차인 박새봄 씨는 현재 인테리어 소품 브랜드 레이앤드를 운영 중이다. 대학에서 실내디자인을 전공한 그녀는 직접 인테리어를 한 신혼집 사진들을 SNS에 올려 많은 관심을 받았다. 이 일을 계기로 다니던 직장을 그만두고 정말 좋아하는 일을 직업으로 삼게 되었다.

박새봄 씨에게 집이란 자신의 아이덴티티를 가장 잘 표출할 수 있는 창구이자 끊임없이 영감을 주는 공간이다. 그래서 집 안의 작은 소품 하나에도 애정이 남다르다. 인테리어를 시작할 때 집이 주는 편안함을 넘어 호텔에 머무는 듯한 기분을 내기 위해 '호텔'을 콘셉트로 선택했다. 집을 전체적으로 살펴보면 소품도 굉장히 많고 화려해 보이지만, 실제로는 미니멀리즘에 가깝다. 소품이나 가구도 군더더기 없이 꼭 있어야 할 곳에만 두고, 비슷하거나 똑같은 것은 사지 않는다. 6개월 이상 손이 가지 않는 물건은 지인에게 선물하거나 벼룩시장에 내놓기도 한다. 집이 깔끔해 보이는 이유가 또 하나 있다. TV 선이나 케이블 선처럼 지저분해 보이는 것들을 모두 매립하고 거실장도 두지 않았다. 소품과 가구 배치를 할 때 철저히 계산해서 여백을 살리는 것도 깔끔한 인테리어의 비결이다.

"저는 평소 이국적인 스타일을 동경해 왔어요. 하지만 똑같은 아파트 구조에서 그런 분위기를 내기가 어려웠어요. 그래서 구조는 변경하지 않고 가구와 소품만으로 최대한 이국적인 스타일을 연출하려고 노력했어요. 우리 집을 어떠어떠한 스타일이라고 규정하기는 어렵지만, 모던하면서도 클래식하고 화려한 소품들로 트렌디한 느낌을 주려고 했어요."

무엇이든 시작하기가 가장 어려운 법인데 인테리어도 마찬가지다. 박새봄 씨는 인테리어에서 가장 중요한 단계는 어떤 공간으로 만들지 콘셉트를 정하는 것이라고 말한다. 콘셉트를 명확하게 정하지 않으면 결과적으로 개성 없는 공간이 되기 쉽다. 다른 집에서는 예뻐 보이는 가구라도 우리 집의 가구와 어울리지 않을 수 있다. 자칫 섣불리 들였다가는 돈만 낭비하고 애물단지가 되기도 한다. 이러한 시행착오를 줄

이기 위해서는 본인의 취향을 정확히 알고 선택과 집중을 하는 것이 중요하다. '소품 하나도 이유 없이 사지 않을 것!' 이것이 정말 중요하다.

집 전체를 화이트로 선택한 것도 화려한 것을 좋아하기 때문이다. 어떤 스타일링을 해도 어울리는 것이 도화지 같은 화이트 컬러다. 화이트가 배경인 집에는 원색의 소품이나 가구로 톡톡 튀는 공간을 만들 수도 있고, 차분하게 연출할 수도 있다. 소재만 바꿔도 단조롭지 않은 인테리어가 완성된다. 어려서부터 화려한 포인트를 좋아했던 그녀가 일반적인 아파트에 합리적으로 적용할 수 있는 방법을 고민한 끝에 자신의 신혼집에 써 내려간 모범 답안지, 지금 공개한다.

공간의 중심;
거실

Living Room

호텔을 닮은 거실

18년쯤 된 아파트를 호텔처럼 깔끔하게 꾸미고 싶어서 잡지, 인터넷을 찾아보거나 여행을 다니면서 해외 호텔 객실의 인테리어를 참고했다. 유행하는 인테리어를 따라 하고 싶지 않아서 국내 자료는 찾아보지 않았다. 머릿속에 그린 콘셉트가 확실했기 때문에, 수많은 자료 중에서 집에 어울리는 것들을 선별하고 취합할 수 있었다.

집에 들어왔을 때 가장 먼저 보이는 거실은 박새봄 씨가 가장 좋아하는 공간이다. '호텔' 콘셉트를 가장 잘 표현했기 때문이다. 계절과 기분에 따라 홈스타일링의 변화가 가장 큰 곳도 바로 거실이다. 우선 거실 벽부터 호텔처럼 웨인스코팅으로 꾸몄다.

거실의 포인트 중 하나는 벽난로 모형이다. 대부분의 아파트는 구조가 단조롭고 포인트가 되는 공간이 별로 없다. 부부는 거실에 포인트가 되는 벽난로를 설치하고 싶었지만 어려움이 있어, 벽난로 모형으로 인테리어 효과를 냈다. 봄에는 꽃, 여름에는 나무, 겨울에는 크리스마스 소품을 벽난로 모형 위에 올려두고 계절을 느낀다.

● POINT 1
공간을 데우는 카펫
소파 밑에 깔린 카펫은 직접 제작한 것이다. 사각형 패턴이 공간에 포인트를 주고, 따뜻한 재질이 대리석 바닥의 차가운 기운을 포근하게 데운다.

● POINT 2

가성비 최고의 천장등, 벽등

천장등은 비비나라이팅에서 산 것이다. 집 안의 모든 가구와 소품이 고심 끝에 선택된 것들이고, 그만큼 제값 이상의 가치를 한다. 특히 골드 포인트의 천장등과 벽등은 큰돈을 들이지 않았지만 고급스러워 보여서 마음에 든다.

● POINT 3

벽을 가득 채우는 큰 액자

그림을 직접 판매하는 박새봄 씨는 집의 인테리어를 바꿀 때도 그림으로 전체 분위기를 이끌어간다. 소파 뒤의 허전한 벽을 무엇으로 채울지 고민하는 사람들이 많은데, 벽이 꽉 차 보이는 큰 액자를 걸면 고민을 말끔히 해결할 수 있다.

● POINT 4

독특한 디자인의 1인용 체어

조개 모양의 핑크색 1인용 체어는 편할 뿐 아니라 디자인이 독특해서 이색적인 인테리어 아이템으로 손색없다.

● POINT 5

따뜻한 느낌의 핑크 쿠션

대리석 바닥은 자칫 차가워 보일 수 있어서 따뜻한 색감의 소파를 놓고, 평소 좋아하는 핑크색 쿠션을 활용했다.

● POINT 6

계절에 따라 분위기가 바뀌는 벽난로

가정집에서 보기 힘든 벽난로 모형을 거실에 두었다. 계절마다 다양
한 소품들로 장식하면 색다른 재미를 줄 수 있다. 벽난로 모형 옆에는
귀여운 벤치를 놓았다. 벤치 위에 걸어둔 모던한 디자인의 시계는 해
외 직구로 산 것이다.

Kitchen: 주방

심플한 인테리어의 주방

주방 역시 군더더기 없이 심플하게 꾸몄다. 카페에서나 볼 법한 조명은 심플한 주방에 포인트 역할을 톡톡히 한다. 큰 사이즈의 직사각형 타일은 청소하기도 쉽고 청량한 느낌을 준다.

● POINT 1

핑크 컬러로 완성한 사랑스러움

싱크대는 연한 핑크 컬러로 직접 페인팅을 했다. 그 전에는 하늘색 계열이었는데, 3년 정도 지나니 지루한 느낌이 들어서 과감히 바꿔보았다. 컬러 때문인지 주방에 사랑스러운 느낌이 감돈다.

● POINT 2

곡선의 형태가 아름다운 식탁

주방 식탁은 직접 디자인해서 제작한 것이다. 따뜻하고 밝은 색감의 라운드 모양 식탁은 아일랜드용으로 사용하기에도 좋다. 의자는 식탁과 어울리는 화이트 컬러로 맞췄다.

Bedroom: 침실

과거에서 현재로 돌아온 침실

침실의 처음 모습은 과거로 시간 여행을 떠난 듯한 체리 컬러의 올드한 느낌이었다. 올드한 흔적들을 지우기 위해 셀프 페인팅을 시도했다. 바닥도 마루를 깔고 골드 포인트의 감각적인 조명과 화장대, 그림 액자를 활용해 2019년의 침실 모습이 되었다.

● **POINT 1**

강렬한 침실 문

임팩트를 주고 싶어서 메인인 화이트 컬러와 대비되는 컬러를 고르다가 고급스러운 느낌이 나는 네이비를 선택했다. 여기에 금동 손잡이를 더해 존재감이 강한 문이 완성되었다.

Kid room: 아이 방

율동감이 느껴지는 포근한 아이 방

아이 방은 전체적으로 포근한 느낌이 드는 내추럴 톤으로 맞췄다. 햇살이 적당히 스미는 커튼을 달고 아늑한 느낌을 더하기 위해 텐트도 설치했다. 아이의 눈높이에 맞춰 옷을 걸 수 있는 행거를 벽에 달고, 키가 낮은 수납장을 선택했다. 단조로운 느낌을 덜어내고자 한쪽 벽에는 삼각형 패턴으로, 반대쪽 벽은 아래위를 다른 컬러로 변화를 주고 포근한 느낌을 더하는 매립등을 설치했다.

Entrance: 현관

따뜻한 느낌의 중문

중문을 만들고 답답함을 없애기 위해 옆면을 유리창으로 뚫었다. 중문의 컬러는 튀지 않으면서 따뜻한 느낌이 들도록 베이지 톤이 감도는 회색으로 맞췄는데, 어떤 가구와도 잘 어울린다.

Bathroom: 욕실

실용성과 디자인, 모두 잡은 욕실

인테리어를 할 때 육각 타일이 새롭게 등장했다. 트렌디하기도 하고 아기자기한 느낌도 있어서 과감하게 선택했는데 전체적으로 유니크 하면서 세련된 욕실이 탄생했다. 화이트 컬러의 타일과 블랙 컬러의 수납장, 심플한 실버 프레임의 거울이 어우러져 군더더기 없이 깔끔한 욕실이 완성되었다. 욕실은 화려하기보다는 실용적으로 편하게 사용할 수 있도록 꾸미고 싶었다. 실용성은 물론 디자인도 손색없어 만족스럽다.

한 폭의 은은한 그림 같은 집

105㎡ ↔ 32평

김유은·이지훈 부부와
딸 세령이 함께 사는 아파트

"저에게 집은 도화지 같은 공간이에요. 하얀 도화지에 그림을 그리듯 제가 좋아하는 컬러로 집을 물들였어요." 깨끗한 얼굴에는 어떤 색조든 잘 어울리듯 공간도 마찬가지다. 모노 톤을 선호하는 김유은 씨는 집 전체에 은은한 바탕색을 깔고자 했다. 모든 공간에 화이트 벽지를 두르고 은은한 채도의 장판을 깔아서 배경을 완성했다. 여기에 그레이를 메인 컬러로 정하고 가장 좋아하는 민트 컬러로 포인트를 줬다. 한 폭의 은은한 그림 같은 집으로 들어가 보자.

STORY

집이라는 도화지에
아름다운 행복을 그리다

부부와 딸이 함께 사는 집은 20년이 다 되어가는 오래된 아파트다. 3년 전에 이사를 왔는데, 옛날 아파트가 그러하듯 체리색 몰딩에 낡은 인테리어여서 꼭 다시 꾸며야겠다고 생각했다.

미술 선생님인 김유은 씨는 확고한 컬러 취향을 가지고 있다. 메인 컬러를 그레이로 선택하고, 진한 톤, 중간 톤, 연한 톤으로 구분해 거실과 각 방의 한쪽 벽을 칠했다. 그리고 공간에 어울리는 가구를 맞춰 넣는 방식으로 인테리어를 했다. 컬러 톤에 따라 꾸밀 수 있는 여지가 달라지기 때문에 방마다 다른 톤으로 칠했다. 그레이는 레드, 옐로, 핑크 등 다양한 색을 조합하기 좋은 컬러다. 김유은 씨는 민트 컬러를 포인트로 많이 사용했다. 민트는 김유은 씨가 좋아하는 컬러일 뿐 아니라 눈의 피로를 덜어주고 산뜻하고 경쾌한 느낌을 더한다.

결혼하고 아이를 키우면서 '우리 아이가 좋은 분위기 속에서 좋은 것을 보고 자라면 좋겠다'는 마음이 점점 커졌다. 그래서 의식주 중에 '주'를 가장 중요하게 여겼고, 이제 집을 꾸미는 것이 행복한 취미가 되었다.

"집이라는 바탕에 침구나 가구로 새로운 색을 입히면서 변화하는 모습에 희열을 느낍니다. 이런 재미가 있어 인테리어에 시간과 노력을 쏟는 것 같아요."

공간의 중심;
거실

Living Room

따스함이 공존하는 네모난 공간

전체적으로 화이트 컬러인 거실은 한쪽 벽을 그레이로 칠했다. 집 안으로 들어섰을 때 바로 시선이 닿는 곳이 그레이 컬러라면 답답해 보일 것 같아서 반대쪽 벽에만 칠한 것이다. 거실은 물론 다른 방들도 문을 열었을 때 시선이 닿는 곳은 모두 화이트로, 시선을 돌려야 보이는 곳은 그레이로 맞췄다. 그레이 컬러를 사용했는데도 공간이 좁아 보이지 않는 비결이 바로 이것이다. 화이트와 그레이 컬러의 거실에는 꼭 필요한 가구만 두고, 밋밋하게 느껴지지 않도록 직접 그린 그림을 걸었다. 가득 채우지 않아 더 감각적인 거실에 민트 컬러의 심플한 그림이 생기를 불어넣는다.

거실의 소품과 가구는 대부분 각진 형태다. 유난히 각진 것을 좋아하는 김유은 씨의 취향이 반영된 것이다. 바닥의 러그와 조명도 단조롭지 않은 패턴이지만 예외 없이 각진 형태다. 휴식에 꼭 필요한 소파는 놓는 위치에 따라 안락함의 정도가 달라지고 공간을 많이 차지하기 때문에 아이디어가 필요했다. 흔한 'ㄴ' 자형 배치에서 소파 사이를 띄워 답답한 느낌을 최소화하고, 띄운 공간에 인테리어 요소를 두어 변화를 주었다.

● POINT 1
따뜻한 그레이 소파와 강약을 주는 경쾌한 그림

공간을 많이 차지하는 소파의 소재와 컬러에 따라 거실 전체의 인상이 달라진다. 거실에 잘 어울리는 그레이 컬러의 소파를 찾느라 적잖이 고생했다. 거실 벽의 컬러가 차갑고 묵직한 색감의 그레이라면. 따뜻한 색감의 그레이 소파가 거실 전체의 분위기를 중화시킨다. 소파가 놓인 벽면에 직접 그린 민트 컬러의 작품을 걸어 산뜻하고 경쾌한 느낌을 더했다. 이따금 다른 그림을 걸어 분위기를 바꾼다.

● POINT 2
자연의 포근함을 들이다

초록색 화분은 딱딱한 분위기를 누그러뜨리는 데 효과적이다. 싱그러운 기운을 듬뿍 품고 있는 화분은 인테리어에 훌륭한 소재.

● POINT 3

유니크한 천장등

각진 것을 유난히 좋아하는 김유은 씨의 취향이 고스란히 드러나는 천장등은 우연히 들른 조명 가게에서 발견했다. 조명 아래 펼쳐진 카펫과 같은 패턴의 디자인으로 멋스럽게 조화를 이룬다.

● POINT 4

멋스러운 러그와 활용도 만점의 테이블

소파 컬러와 같은 계열로 채도가 높은 러그가 거실을 환하게 밝힌다. 러그 위에 놓은 유리 테이블은 모던한 느낌을 더하는 아이템이다. 다양한 스타일과 잘 어우러지고, 큰 사이즈에 비해 공간을 덜 차지하며, 러그 패턴이 그대로 비쳐 멋스럽기까지 하다. 두루두루 사용하기 좋아서 장점이 많은 테이블이다.

● POINT 5

취향에 맞춘 블라인드

거실 창에는 커튼 대신 블라인드를 설치했다. 각진 소품을 활용한 거실 인테리어에는 부드러운 느낌의 패브릭 커튼보다 블라인드가 잘 어울린다.

Kitchen: 주방

책장을 품은 심플한 주방

주방에는 싱크대와 식탁, 낮은 수납장이 전부다. 그
레이와 화이트 컬러의 식탁은 그레이 컬러의 주방
벽과 조화를 이룬다. 식탁 옆에는 높은 수납장을
설치할 계획이었는데, 답답해 보일 것 같아 낮은
수납장으로 다시 제작했다. 주방에서 가장 눈에 띄
는 것은 책장이다. 집 한가운데 책장을 두고, 식탁
에서 차를 마시거나 욕실을 갈 때나 언제든 손쉽게
책을 꺼내 볼 수 있어서 좋다.

Bedroom: 침실

상큼하고 포근한 침실

화보를 보는 듯한 부부의 침실은 라이트 그레이와 화이트 컬러의 공간에 민트 컬러로 포인트를 더해 싱그럽고 포근한 느낌이다. 여기에 커튼을 설치하니 분위기가 더욱 아늑하다.

● POINT 1
아이와의 추억이 가득한 의자

침대 아래쪽에 의자를 두는 것만으로도 멋진 인테리어가 된다. 의자를 고를 때는 전체적인 분위기를 고려하는 것이 중요하다. 김유은 씨는 아이가 태어날 때 구입했던 1인 수유 소파를 침대 아래쪽에 놓았다. 지금은 이 소파에 앉아 개인적인 시간을 많이 보내는데, 딸아이와의 추억이 가득해서 가장 좋아하는 곳이다.

● POINT 2
세트처럼 꾸민 매트와 침구

침실 바닥에 깔린 매트 무늬에 맞춰 침구도 마블 무늬로 스타일링했다.

● POINT 3
침실의 분위기 담당

화이트 컬러의 침실에서 분위기를 이끄는 것은 민트 컬러의 작은 옷장이다. 크기는 작지만 존재감은 어마어마하다.

Kid room: 아이 방

엄마 아빠가 선물한 사랑스러운 세상

아이에게 특별한 방을 선물하고 싶었던 부부는 핑크를 메인 컬러로
선택해 딸아이의 마음을 단번에 사로잡았다. 사랑스러운 방에서 밝게
자라기를 바라는 마음으로 꾸몄는데, 다행히 아이가 정말 좋아한다.
이 방에서 시간을 보내는 아이를 보면 인테리어를 하면서 고생했던
기억은 어느새 사라지고 뿌듯함만 남는다.

Entrance: 현관

가벽을 대신한 감각적인 선반

현관에 들어서면 왼쪽에 보이는 선반은 현관과 거실을 분리하는 역할을 한다. 독특한 선반 모양은 직접 디자인하고 목수에게 의뢰해서 제작했다.

● **POINT 1**

거실과 현관의 색다른 분리법

거실과 현관을 분리할 가벽이 필요한데, 전체가 막혀 있으면 답답할 것 같아 백화점 디스플레이 코너에서 아이디어를 얻어 선반 형태로 제작했다.

따뜻한 집을

꿈꾸다

105㎡ ↔ 32평

윤택일·김유희 부부의 아늑한 아파트

고단한 하루를 보내고 따스한 집에 들어서는 순간만큼
편안하고 위로가 되는 것이 또 있을까.
부부는 처음 맞이한 둘만의 공간이 따스함으로 가득 차
기를 소망했다. 바닥재부터 가구, 소품까지 포근한 기
운을 품은 것들로만 채워 완성한 집. 마음이 안정되는
안락한 집 속으로 들어가 보자.

STORY

따뜻하고 아늑한 둘만의 공간

2017년 9월에 지금의 집으로 이사 온 부부는 20년 가까이 된 아파트였지만 시야가 막혀 있지 않아 마음에 들었다며 집의 첫인상을 떠올렸다. 인테리어를 하면서 가장 중요하게 생각했던 것은 '따뜻한 집'이었다. 그래서 바닥재부터 소품까지 따뜻하고 안정감을 주는 것으로 선택했다. 집 안 곳곳에 매립등을 설치한 이유도 그 때문이다. 퇴근하고 집에 돌아오면 포근한 느낌의 매립등이 은은하게 길잡이가 되어주고, 고단했던 하루를 따스하게 위로해 준다.

부부의 집에는 아기자기한 소품들도 많다. 종류가 많으면 튀는 것 하나쯤 있게 마련인데 한 번에 맞춰서 구입한 듯 모두 조화를 이룬다. "계절에 따라 소품을 바꿔요. 소품을 살 때 머릿속으로 우리 집을 그려보며 어울리는 것으로 고르기 때문에 따로 사도 세트처럼 잘 어울려요."

소품 하나를 고르더라도 머릿속으로 먼저 집 분위기를 떠올릴 만큼 부부는 '집'에 대한 애정이 크다. 스무 살에 만나 서른여덟 살에 결혼하고, 마흔에 이별의 아픔을 겪은 후 작년에 다시 만나게 되었기에 특별함이 남다른 부부. 신혼 생활은 시댁에 들어가서 했으니 이곳이 부부의 첫 집이다. 처음 생긴 둘만의 공간에서 따스한 기억을 가득 채워가길, 부부의 사랑으로 집 안 가득 온기가 더해지기를 응원한다.

공간의 중심; 베란다

Veranda

폴딩 도어가 열리면 나타나는 낭만적인 공간

거실 바닥과 같은 높이로 마감된 폴딩 도어를 열면 카페 분위기가 무르익는 공간이 나타난다. 베란다는 햇살 좋은 날 부부가 함께 차를 마시거나 은은한 조명 아래서 와인을 즐기는 낭만적인 공간이다. 원래 특별한 것 없는 베란다였다. 바닥도 거실보다 낮았는데, 폴딩 도어를 열었을 때 거실과 연결된 느낌을 주기 위해 높이를 맞췄다. 겨울에 닫아두면 따뜻하고, 여름에 열어두면 공간이 확장된 느낌이 드는 폴딩 도어는 부부의 로망이었다.

퇴근하고 밤늦게까지 인테리어 정보를 수집한 끝에 마음에 드는 폴딩 도어를 설치하고 우드슬랩 테이블을 들였다. 우드슬랩은 나무판자의 가장자리를 재단하지 않고 수피만 제거한 큰 판재를 말한다. 공장에서 대량생산되는 가구처럼 똑같은 디자인이 단 하나도 나올 수 없다는 것이 가장 큰 매력이다. 사람과 함께 늙어가는, 살아 있는 나무를 집에 두니 마음이 더 편안해지는 느낌이다. 봄여름, 그리고 가을, 세 계절 동안 아침에 일어나 커피를 마시고 책도 읽으며 가장 많은 시간을 보내는 공간이다. 부부는 식물을 키우는 취미도 있어 베란다 한 편을 싱그러운 화원으로 꾸몄다.

● **POINT 1**

공간에 무드를 더하는 레일 조명

베란다에서 가장 신경을 많이 쓴 부분은 조명이다. 긴 테이블 어디에서도 켤 수 있도록 레일 조명을 선택하니 부부의 로망이 완벽하게 실현되었다.

● **POINT 2**

원목 그대로의 매력

원하는 길이와 느낌의 원목을 찾지 못하다 가 페이스북에서 우연히 발견하고 이탈리 아 수입 가구점에서 구입했다. 2400 사이즈 를 사서 베란다에 맞춰 2100으로 자른 것이 다. 가격은 조금 비싸지만 원목의 자연스러 운 매력에 푹 빠져 너무 마음에 드는 가구 중 하나다.

● POINT 3

실용적인 수납공간

많을수록 좋은 것이 수납공간이다. 베란다에도 수납장을 설치하고 소품을 올려두었다.

● POINT 4

집 안의 미니 화원

건조기를 쓰다 보니 빨래를 널 일이 거의 없다. 빨래 건조대가 설치된 공간을 그냥 두기도 아까워서 행잉 가구를 설치해 다른 높이로 화분을 진열하니 멋진 화원이 되었다.

Living room: 거실

편안함에 집중한 인테리어

따뜻하고 안정적인 느낌을 주기 위해 거실 바닥은 어두운 컬러를 선택하고, 편하게 쉴 수 있는 큰 사이즈의 'ㄱ'자형 소파를 놓았다. 거실은 오롯이 편안함과 안락함을 줄 수 있는 공간으로 꾸미는 데 집중했다. 군더더기 없이 최대한 심플하고, 가구도 예쁜 것보다 편하게 사용할 수 있는 것을 골랐다.

● POINT 1

아기자기함과 심플함의 조화

TV만 덩그러니 놓인 벽이 허전해 보여서 아래쪽에 긴 선반을 제작해서 놓고 전기선들은 보이지 않게 모두 감췄다. 공기청정기와 에어컨 자리까지 고려해 딱 알맞은 길이로 만든 선반 위에 계절감을 느낄 수 있는 작은 소품들을 놓았다.

● POINT 2

다양한 효과를 주는 러그

멋스러운 가죽 소파를 놓고 바닥에 러그를 깔았다. 거실 바닥이 긁히는 것을 방지하고, 따뜻한 느낌을 주며, 소음 방지 효과도 있다.

Kitchen: 주방

배치를 바꿔 공간을 넓힌 주방

주방은 집 전체의 분위기에 맞춰 리모델링했다. 가스레인지의 위치와 냉장고를 바꾼 것이 가장 큰 변화다. 리모델링 전에는 냉장고가 주방을 가려 너무 답답해 보였다. 도시가스 배관을 다시 연결해야 했지만, 시야 확보를 위해 위치를 바꾸고 나니 동선도 편하고 주방도 더 넓어 보여 옳은 선택이었다.

● POINT 1

감각이 더해져 멋스러운 식탁

긴 나무 의자와 세트인 식탁은 까사미아 제품이다. 자칫 무거운 느낌
이 들까 봐 한쪽에만 나무 의자를 두고 반대쪽에는 투명한 의자를 배
치하니 더 감각적인 주방이 되었다.

● POINT 2

수납을 책임지는 상부장

상부장도 한쪽 벽에만 최대한 눈에 띄지 않게 설치했다.

● POINT 3

공간을 살리는 'ㄱ' 자형 구조

원래 있던 'ㄷ' 자형 구조의 주방을 그대로 유지하면 식탁을 놓을 공
간이 없어서 전부 들어내고 'ㄱ' 자형으로 다시 설치했다. 수납공간
도 필요하고 들어낸 부분이 아깝기도 해서 한 칸만 따로 남겨서 사
용하고 있다.

Study room: 서재

생각의 전환으로 멋지게 변신한 서재

서재에는 남편의 취미 생활과 관련된 물품들이 정리되어 있다. 붙박이장의 문을 떼어내고 아래는 수납장, 위는 책장으로 사용하고 있다. 깊이가 있어 책 외에 다른 소품을 올려두기도 좋다. 컴퓨터로 작업할 수 있는 테이블까지 두니 멋진 서재 공간이 완성되었다.

Bedroom: 침실

신혼 시절의 추억이 깃든 침실

침실에 있는 침대와 가구는 모두 10년 전 부부가 처음 결혼했을 때 구입한 것들이다. 부부에게 특별한 의미가 있는 가구를 버릴 수 없어서 집 전체 분위기와 관계없이 침실을 꾸몄다. 세월이 지나 자연스럽게 고가구가 된 신혼 가구를 보면 부부가 헤어져 있던 기간이 다시 연결되는 느낌이 든다. 다른 공간과 달리 침실을 특별한 공간으로 만들어주어 더욱 만족스럽다.

Entrance: 현관

싱그러움이 반기는 현관

미닫이 중문은 너무 평범해 보여서 투명 유리로 설치하고, 세로줄로 밋밋함을 보완했다. 여기에 수경 식물을 달아 현관에 들어서면 싱그러운 기분을 먼저 느낀다.

'체리'색 없애기
프로젝트

108㎡ ↔ 32평

조성은·진화영 부부가 사는 아파트

50대의 남편 조성은 씨와 40대 중반의 아내 진화영 씨는 아들을 유학 보내고 요즘 둘만의 시간을 자주 갖는다. 중년을 넘어선 나이지만 부부는 주말이면 카페 데이트를 즐길 만큼 젊은 감성을 지니고 있다. 그래서일까. 부부가 직접 디자인한 집은 젊은 부부의 신혼집처럼 젊은 감성으로 가득하다. '오래된 아파트'의 상징인 체리색에 둘러싸여 15년을 살아온, '체리색 없는 세상에 살고 싶다'고 부르짖는 부부의 체리색 없애기 프로젝트!

과연 체리색은 사라졌을까? 흰색과 회색, 무채색 베이스에 따뜻한 파스텔 톤으로 포인트를 준 부부의 집을 만나보자.

15년 전의 설렘을 찾아 떠난
4개월의 대장정

2003년 완공되었을 때 이 아파트에 입주해 한 번도 떠나지 않고 죽 살아온 부부. 처음 이사 왔을 때의 설렘과 행복을 지금도 잊지 못한다. 하지만 15년이 넘는 시간 동안 살림살이가 낡고, 집 안 곳곳에 짐도 쌓이면서 왠지 모를 갑갑함과 우울함을 느끼기 시작했다.

원래 인테리어에 관심이 많아서 계절마다 침구와 커튼을 바꿔오기는 했지만, 어느 날 문득 그 이상의 변화가 필요한 시점이라는 생각이 들었다. 비용 부담도 있었고, 살면서 집을 고친다는 것이 쉬운 결정은 아니었지만 '인생의 숙원 사업'이었던 그 일을 지금은 해야 할 것 같은 느낌이 강하게 들었다. 공사 기간 동안 짐은 업체에 맡기고, 부부는 한 달 동안 호텔에 머물면서 인테리어의 긴 여정이 시작되었다.

아들을 유학 보내고 둘만의 오붓한 생활을 즐기고 있는 부부는 중년이 되니 집에서 조용히 보내는 시간이 좋다고 한다. 그래서 집이 행복한 쉼을 주는 공간이었으면 했고, 평소 카페 데이트를 즐기는 만큼 집 안에 카페 같은 공간을 만들고 싶었다.

인생의 숙원 사업이었던 만큼 신중히 하다 보니 시간도 오래 걸렸다. 인테리어 방향을 정하고 기본 디자인을 하는 데 두 달, 인테리어 업체를 선정하고 설계하는 데 한 달, 시공하는 데 한 달, 꼬박 네 달이 걸려 완성되었다.

공사 전의 집은 체리색의 오래된 아파트, 딱 그 모습이었다. 15년 전만 해도 체리색이 인기였고, 그 시대의 트렌드에 맞춰 문이며 싱크대 할 것 없이 집 안 전체가 온통 체리색이었다. 부부의 목표 중 하나는 체리색을 없애는 것!

취향과 라이프스타일, 집의 구조까지 가장 잘 아는 사람은 부부였기에 디자인을 직접 하기로 했다. '화이트 컬러가 메인인 밝은 집, 수납공간으로 가득한 벽, 뒤쪽 베란다 창가에 바 테이블을 놓고, 싱크대 벽에는 칠판 벽을 만들고, 거실에는 슬라이딩 도어를 달아 벽장을 만들고……' 머릿속에 그렸던 것들이 대부분 현실로 구현된 공간에서 부부는 행복한 매일을 보내고 있다. 아침에 일어나 어디에 앉아 커피 한잔을 마실까 고민하는 시간도, 예쁜 그릇에 담긴 요리에 곁들여 맥주 한잔을 하는 시간도,

햇살을 받으며 책을 읽는 시간도 즐겁다. 아무것도 하지 않는 시간마저 행복하다는
부부는 "공간이 사람에게 주는 영향이 이렇게 큰지 몸소 깨닫고 있어요. 애정을 가지
고 오롯이 우리만의 삶의 방식에 맞춰 바꾼 공간에서 처음 이 집을 만났을 때의 설렘
을 다시 느껴요"라며 행복한 미소를 보였다.

공간의 중심; 거실

Living Room

필요한 것, 원하는 것만 두어서 더 좋은 우리만의 거실

거실에서 가장 눈에 띄는 것은 슬라이딩 도어와 그 앞에 놓인 키 작은 테이블이다. 오래 머무는 공간에서 더욱 아늑한 분위기를 연출하는 요소들이다. 베란다에 작은 티테이블을 놓고 커피 한잔을 하는 로망을 실현하기까지, 창고처럼 짐만 쌓여 있던 베란다를 없애고 그 자리에 낮은 테이블을 두기까지 꼬박 15년이 걸렸다. 테이블에 앉아 매일 달라지는 날씨를 맞으며, 창밖의 풍경을 눈에 담으며 커피를 마시고 책을 읽노라면 집은 더 소중하게 느껴지고, 인테리어를 결심한 자신들이 대견해진다.

슬라이딩 도어를 설치하겠다고 했을 때 가격도 비싼데 굳이 할 필요 있겠냐며 반대하는 사람들이 많았다. 수많은 만류를 뿌리치고 슬라이딩 도어를 설치한 지금은 더없이 만족스럽다. 사용하기도 편리하고 디자인도 손색없다. 인테리어를 할 때는 주변의 조언을 듣는 것도 좋지만, 해답이 아닌 힌트 정도로만 생각하는 것이 좋다.

수납에도 신경을 많이 썼다. 처음에는 거실에 벽걸이 TV만 두려고 했는데 생활하는 공간이다 보니 자잘한 살림살이를 어쩔 수 없었다. 최대한 보이지 않도록 수납했고, 물건이 지저분하게 쌓일까 봐 가구도 놓지 않았다. 거실 벽면을 가득 채운 수납장에는 책을 꽂아두었다. 그 많은 책을 깔끔하게 정리할 수 있고, 거실에서 언제든지 책을 꺼내 읽을 수 있어서 좋다.

● POINT 1

전선 지옥에서 탈출하다

거실장 위의 TV, DVD, PC, 그 뒤로 거미줄처럼
얽히고설킨 케이블과 전선들······. 금방 쌓이는
먼지를 털어내기에도 복잡한 이 공간을 해결하기
위해 모든 선들을 벽 속으로 숨겼다. TV는 벽걸이
로 설치하고, 나머지 전자 장비는 하부장 속으로
넣었다.

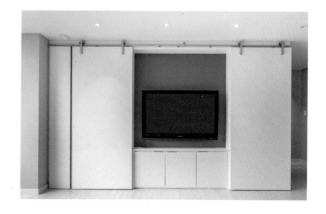

● POINT 2
무심한, 그러나 평범하지 않은

천장에 주렁주렁 달린 화려한 조명은 취향에 맞지 않아 있는 듯 없는
듯 무심한 조명을 원했다. 천장 매립등은 비용 부담이 있어서, 최대한
눈에 띄지 않는 조명으로 설치했다. 올려다보면 천장에 창문이 있는
것 같기도 하고, 심플하지만 독특한 디자인이 마음에 쏙 든다.

● POINT 3
키 작은 테이블이 주는 큰 행복

거실 창가에는 기존에 사용하던 테이블을 두었다. 기성 제품의 다리
를 잘라 보통 테이블보다 높이가 훨씬 낮은데, 창을 가리는 면적을
줄여서 답답하지 않다. 해가 좋은 날, 또는 비가 오는 날, 구름이 아
름답거나 야경이 멋진 날 수시로 이 테이블을 찾는다.

● POINT 4
블라인드로 모던함 플러스!

먼지와 세탁하는 번거로움 때문에 커튼 대신 블라인드를 설치했는데, 모던한 집 분위기에
안성맞춤이다.

Kitchen: 주방

청량함 속에 아늑함을 품은 주방

주방은 기존의 체리색을 완전히 없애고 전체적으로 화이트의 청량한 느낌으로 완성했다. 여기에 밝은 자작나무 우드 톤과 블랙을 적절히 더해 밋밋할 수 있는 화이트 컬러의 단점을 보완했다. 사방에 널려 있던 물건들은 수납장 속으로 깔끔하게 정리하고, 뒤쪽 베란다를 확장해서 낭만을 즐길 수 있는 작은 카페를 만들었다. 아침에 일어나 주방 한편에 있는 바 테이블에 앉아 커피 한잔을 마시면, 이날 마침 비까지 보슬보슬 내린다면 더할 나위 없는 행복을 안겨주는 보물 같은 공간이다.

● POINT 1

3가지 요소를 모두 갖춘 식탁

주방 가운데 놓인 식탁은 이케아 제품이다. 이전에는 네모난 식탁을 사용했는데, 달라진 집 안 분위기에 맞춰 식탁도 변화를 주고 싶었다. 원형 식탁은 동선이 왠지 불편할 것 같았고, 밥만 먹는 것이 아니라 책도 읽고 커피도 마시려면 어느 정도는 커야겠다는 생각을 했다. 가장 중요한 것은 반드시 흰색 상판이어야 한다는 것. 한참을 검색하다 마침내 이케아에서 마음에 쏙 드는 식탁을 만났다.

● POINT 2

깔끔한 주방 만들기

이전에는 주방 한쪽 벽에 인터폰, 분전함, 통신 단자함, 세콤 비상벨, 전등 스위치 등이 잔뜩 설치되어 있었다. 없어서는 안 되지만 겉으로 드러낼 만큼 예쁘지는 않은 것들을 정리할 필요가 있었다. 그래서 어떤 것은 위치를 옮기고, 어떤 것은 적당히 숨긴 후 빌트인 장을 만들었다.

● POINT 3

우리 집 작은 카페

뒤쪽 베란다를 확장해서 공간을 넓히고 바 테이블을 설치했다.
비 오는 날이면 여기 앉아 창밖을 바라보며 커피 한잔을 즐긴
다. 창밖이 잘 보이도록 높은 바 스툴을 놓고, 그 높이에 맞춰
테이블을 들였다. 이곳도 화이트 컬러로 꾸며진 집이 밋밋해
보이지 않도록 컬러를 더하는 임무를 담당하는 공간들 중 하
나다. 밝은 톤의 자작나무 컬러와 블랙을 포인트 컬러로 사용
해 은은하면서도 모던한 느낌으로 연출했다.

● POINT 4

클래식한 싱크대

모던하고 클래식한 분위기를 내기 위해 상부장과 하부장에 알 듯 말 듯 살짝 올드한 느낌을 주는 프레임을 넣었다. 또 사용 빈도, 물건의 무게와 사이즈 등을 세심히 고려해 수납공간을 만들었다.

● POINT 5

이것 하나면 걱정 끝! 기억을 붙잡는 자석 칠판

인테리어를 하면서 가장 잘한 것, 그야말로 신의 한 수를 꼽으라고 한다면 단연 1위는 '자석 칠판'이다. '장 볼 때 치약 사야지', '다음 주에 자동차 검사 신청해야지' 등 소소한 것부터 큰일까지 기억해야 할 것들은 수없이 많은데, 불행히도 일부 기억은 늘 뒤늦게 떠오른다. 제때 기억하지 못해 여러 번 낭패를 보고 나서 메모의 중요성을 절감했다. 그래서 무엇보다 자석 기능과 칠판 기능을 동시에 가진 벽이 필요했다.

싱크대와 신발장 측면 벽에 MDF 합판과 얇은 철판 한 겹을 차례로 덧대고, 그 위에 칠판 시트를 붙이니 지나갈 때마다 저절로 눈이 간다. 여기에 분필로 장 볼 것이나 주요 일정을 메모하고, 자석으로 메모지를 붙여놓으면 절대 잊어버리지 않는다. 가끔 그림도 그려놓아 집 안 분위기를 바꾼다.

Bedroom: 침실

쓰임에 꼭 맞는 가구로 편안함이 더해진 침실

침실 한쪽 벽면 전체를 옷장으로 채웠다. 서랍장과 이불장, 옷장이 하나로 합쳐진 가구를 찾느라 발품을 많이도 팔았다. 최종 선택한 제품은 리바트의 온라인 전용 브랜드 이즈마인! 원하는 용도에 맞춰 고르니 겉모양만 예쁜 가구에 현혹되지 않고 사용하기도, 보기에도 좋은 가구를 발견할 수 있었다.

● POINT 2
귀찮음은 없고, 분위기는 있다!

"무엇이 제일 귀찮은가요?"라고 묻는다면 망설이지 않고 답할 수 있다. "잠이 막 들려는 찰나 몸을 일으켜 전등 스위치를 끄는 것!" 이런 사람들에게 꼭 맞는 스탠드형 조명을 알아보다가, 마음에 드는 것이 없어서 전선, 콘센트, 스위치, 전구, 소켓, 소켓 커버를 각각 따로 사서 직접 만들었다. 나무 접시에 포푸리를 깔고 직접 만든 조명을 살포시 올리니 손만 뻗으면 불을 끌 수 있는 것은 물론, 은은한 향을 맡으며 잠들 수 있어서 행복하다.

● POINT 1
깔끔한 미니 화장대

화장대의 필요성을 크게 느끼지 못해서 필요한 것만 올려두고 깔끔하게 동그란 거울만 놓았다. 여기에 간접조명을 설치했는데, 눈부심도 없고 밤이 되면 은은한 분위기를 연출할 수 있어서 만족스럽다.

Dressing room: 드레스룸

파스텔 톤의 러블리한 드레스룸

드레스룸 벽면은 연한 파스텔 톤의 핑크 컬러로 도배했다. 도장을 하고 싶었지만 주변의 조언을 받아들여 도배로 방향을 틀었다. 드레스룸에는 원래 체리 컬러의 붙박이장이 있었다. 더 밝고 세련된 느낌을 연출하기 위해 행거를 모두 없애고 이케아 제품의 새하얀 옷장을 들였다. 속옷, 양말, 잠옷 3가지는 서랍 속에 넣고, 나머지는 행거에 걸어서 정리한다.

● POINT 1

하나로 끝, 만능 거울

독특한 구조의 거울은 이케아 제품이다. 거울에 화장품과 향수를 담을 수 있는 수납함과 옷걸이도 달려 있다. 이 거울 앞에서 외출 준비를 모두 끝낼 수 있어 편리하다. 연한 핑크 컬러의 벽지에 화이트 컬러의 거울과 시계, 이 조합이 너무 마음에 들어서 얼마 전에는 드레스룸에 놓아둘 핑크 휴지통을 구입했다.

Bathroom: 욕실

실패 없는 화이트에 블랙으로 포인트를 준 욕실

블랙으로 된 문을 열면 블랙과 화이트 컬러가 매력적으로 혼합된 욕실이 등장한다. 인테리어를 계획할 때부터 '욕실은 화이트'라는 불변의 진리에 블랙을 살짝 가미해 깔끔하고 세련되게 꾸미고 싶었다. 타일, 세면대, 양변기 등 넓은 면적을 차지하는 것은 화이트 컬러로, 수전, 샤워기, 수건걸이, 선반, 프레임 등은 블랙 컬러로 포인트를 주니 튀지 않으면서도 감각적인 욕실이 탄생했다.

● POINT 1

눅눅 퀴퀴함을 향으로 잡다

은은한 향기가 코를 자극하는 디퓨저 매장을 지나갈 때면 눅눅한 장마철 뽀송한 이불을 감싸고 있는 듯 기분 좋은 청량감이 느껴진다. 갓 구운 빵 냄새, 갓 내린 커피 향……. 좋은 향기는 단번에 기분을 좋게 만든다. 그래서 늘 집 안에 좋은 향기가 머물도록 신경 쓴다. 눅눅한 냄새가 아니라 상쾌하고 청량한 기분이 느껴질 수 있도록 은은한 디퓨저를 놓았다.

세 가족의
감각적인 보금자리를
완성하다

112㎡ ↔ 34평

유정은·윤정환 부부와
아들 시완이 함께 사는 집

부부는 사람들과 즐거운 대화를 나누다 보면 어느새 집
안을 가득 채우는 따뜻한 온기를 좋아한다. 이런 성향
을 고려해 가족이 행복한 쉼을 누리고, 좋은 사람들과
편안하게 즐길 수 있는 인테리어에 도전했다. 거듭된
고민 끝에 많은 사람들이 모여도 불편하지 않을 상상
속의 예쁜 공간이 눈앞에 모습을 드러냈다.

좋은 사람들과 행복한 시간을 보내는
예쁜 공간

8년 연애 끝에 결혼해 7년째 함께 살고 있는 남편 윤정환 씨와 여섯 살짜리 아들 시완이를 둔 8년 차 워킹맘 유정은 씨는 인테리어와 전혀 관련 없는 직장에 다니고 있다. 평소 직장 동료들에게 "인테리어 업종으로 직업을 바꾸는 것이 어떠냐"는 말을 들을 정도로 집 꾸미기를 좋아한다.

유정은 씨는 지금의 아파트와 인연이 아주 깊다. 초등학교 6학년 때 지금의 아파트 단지로 이사 와서 결혼하고도 지금까지 20년째 살고 있다.

작년에 조금 더 큰 평수로 옮기기 전부터 그녀는 인테리어에 관심이 많았다. 비전문가이다 보니 주로 인터넷 검색을 하며 정보를 모았다. 오랜 시간 검색하고 관련 정보를 수집하는 과정에서 고민은 줄어들었고, 스스로 원하는 것을 정확하게 표현할 수 있게 되었다.

"지인들을 집에 초대해서 맛있는 음식을 함께 먹으며 이야기하는 것을 좋아해요. 나름의 스트레스 해소법이죠. 내가 꾸민 예쁜 집에서 사람들과 함께하는 시간을 좋아하다 보니 자연스럽게 인테리어에 더 관심이 가는 것 같아요."

유정은 씨는 인테리어를 하려면 정말 많은 공부가 필요하다고 말한다. 작은 소품 하나도 예쁜 것보다는 우리 집에 어울리는 것을 선택하는 지혜가 있어야 한다는 것이다. 그녀는 지금의 집에서 가족이 함께 행복한 꿈을 꾸며 늘 즐겁게 살아가면 좋겠다는 바람을 전했다.

공간의 중심 ; 주방

Kitchen

꿈에 그리던 북유럽 주방의 완성

아내 유정은 씨는 넓은 주방을 갖고 싶었다. 하지만 이전 집처럼 지금의 집도 주방이 좁은 편이었다. 결국 냉장고를 주방 쪽 베란다로 옮겨 주방 공간을 더 확보했다. 주방이 넓어지니 설거지하는 공간과 음식을 준비하는 공간도 여유로웠다. 피곤할 때는 하루쯤 널브러진 그릇을 모른 척 눈 감아도 너저분해 보이지 않아서 좋았다.

북유럽 느낌을 훨씬 풍기기 위해 원목 상판 싱크대를 들였다. 싱크대와 원목은 상상만으로도 걱정스러운 조합이다. '원목 상판 싱크대는 관리하기가 까다롭지 않으냐'는 물음에 유정은 씨는 망설임 없이 답했다. "정말 쉽지 않습니다!" 원목 관리에 대한 지식이 어느 정도 있었기에 그나마 관리할 수 있었다. 단지 바람만으로 시공하는 것은 위험한 일이라고 말한다.

원목 상판은 날씨를 비롯한 환경의 변화에 영향을 받아 수축과 팽창을 반복하기 때문에 휘어지기 쉽다. 모든 원목 상판이 그런 것은 아니지만, 절대 휘어지지 않는다는 보장도 없다. 유정은 씨는 물기가 닿으면 반드시 마른 수건이나 휴지로 상판을 닦는다. 그리고 가끔 바니시를 발라준다.

관리해야 하는 번거로움이 있으면 어떠랴. 북유럽 느낌의 주방에서 요리하는 상상만으로도 행복했던 유정은 씨는 꿈에 그리던 주방에서 바라만 봐도 행복한 하루하루를 보내고 있다.

● POINT 1
북유럽 주방의 일등 공신, 원목 상판 싱크대
이사하기 전부터 유정은 씨는 마음에 드는 주방 사진들을 모았는데, 대부분 원목 상판의 북유럽풍 주방이었다. 습기에 민감한 원목을 싱크대에 사용하면 관리하기도 힘들고 가격도 비싸다. 하지만 한번 눈에 들어온 원목 상판을 포기할 수 없었다. 지금이 아니면 언제 원목 상판의 싱크대를 가져볼 수 있을지 모를 일이었다. 원목 상판은 내추럴한 우드 컬러, 하부장은 네이비 컬러로 정했다.

● POINT 2

북유럽 주방에 딱인 감각적인 조명

조명도 주방의 원목 상판과 어울리는 것으로 선택했다. 이전 집에서는 레일 조명을 썼는데, 변화를 주고 싶어 주방 천장은 비비나라이팅 요니1등 직부등 벽등, 테이블의 포인트는 비츠조명 제닌1등 도자기 인테리어 조명으로 선택했다.

● POINT 3

가족의 단란한 식사 공간

가족이 간단하게 식사할 때 이용하려고 아일랜드 식탁 겸 다리를 넣을 수 있는 공간을 만들고 의자를 두었다. 맞은편에는 밥솥과 오븐레인지 수납장을 사이즈에 맞게 제작해서 놓았다.

● POINT 4

1년에 여러 번 분위기가 바뀌는 홈카페

주방 한편에 홈카페를 꾸몄다. 그릇장으로 활용하는 수납장은 조립 가구 브랜드인 사토 가구 제품이다. 가격 부담이 없으면서 집에 어울리는 가구를 찾다가 발견한 것이다. 뒤편 벽은 흰 도화지에 그림을 그리듯이 변화를 주어 때때로 다른 분위기를 연출한다.

● POINT 5

주방이 넓어 보이는 마법

주방이 넓어 보이도록 최소한의 상부장만 설치했다. 답답해 보이지 않게 천장과 상부장의 공간을 띄우는 것이 포인트였다. 부족한 수납은 하부장에서 공간을 확보하는 것으로 보완했다.

● POINT 6

인터넷에서 힌트를 얻은
주방 베란다 문

인터넷에서 찾은 이미지 그대로 제작해 달라고 디자인 시공 업체에 요청했다. 주방의 원목 상판과 통일하기 위해 원목 문을 주문 제작하고 손잡이도 직접 골랐다. 마음에 드는 패브릭을 커튼처럼 설치해 문 뒤편을 가리니 한결 깔끔하다. 커튼 봉과 집게는 다이소에서 구입한 것으로 가격 대비 훌륭한 인테리어 효과를 준다.

● POINT 7

아들의 간식과 주방 용품이 자리한 곳

3단 서랍장에는 아들이 먹을 간식과 테이블보, 크로쉐 주방 용품 등이 보관되어 있다. 선반에는 유정은 씨가 좋아하는 도마와 각종 주방 용품들이 정리되어 있다.

Bedroom: 침실

쉼을 부르는 차분하고 아늑한 침실
침실은 하루의 피로를 푸는 공간이다. 기본적으로 화이트 컬러의 침구와 포근한 느낌을 주는 소품들을 활용해 차분하고 아늑한 공간을 연출했다. 침대는 베이직한 디자인으로 선택하고, 소품을 활용하면 오랫동안 싫증 나지 않으면서도 감각적인 침실을 만들 수 있다.

● POINT 1

아름다운 3단 협탁

침실 입구에 놓인 3단 협탁은 아름다운 외관 덕에 부부의 선택을 받은 제품이다. 우드 컬러가 내추럴한 침실 분위기와 잘 어우러진다.

● POINT 2

직접 만든 가구로 꾸민 건식 욕실

거실 욕실보다 작은 침실 욕실은 처음부터 건식으로 계획했다. 건식 욕실이기에 가구나 소품 활용이 조금 더 자유로웠다. 무엇과도 잘 어울릴 것 같은 화이트 컬러의 타일을 시공하고 이전 집에서 썼던 거울과 선반을 그대로 달았다. 이것은 유정은 씨가 나무 주문부터 유리를 끼우는 것까지 직접 만든 첫 가구다. 사다리 모양의 원목 수건걸이 역시 DIY 제품이다.

● POINT 3

공간 활용이 좋은 욕실 문

공간 확보를 위해 기존의 여닫이문을 떼어 내고 슬라이딩 도어로 대체했다.

Living room: 거실

거실을 넓히는 마법, 베란다 확장

처음에는 폴딩 도어를 설치하고 베란다에 테이블을 두어 카페 분위기를 연출하려고 했다. 그러나 내부 공간이 평수에 비해 좁은 편이라 베란다 확장으로 계획을 변경했다. 부부는 친구들을 집에 초대해 함께 시간 보내는 것을 좋아하는데, 베란다 확장으로 많은 사람들이 불편 없이 모일 수 있는 만족스러운 공간을 얻게 되었다.

● POINT 1
타일 느낌의 깔끔한 거실 바닥

거실 바닥에는 타일 느낌의 LG 노출 콘크리트 라이트 장판을 깔았다. 폴리싱이나 포슬린 타일로 하고 싶었지만 정해진 예산에 맞추기 위해 포기했다. 이전 집 바닥이 마루였기에 이번에는 조금 다른 느낌을 원했는데, 깔끔하면서도 평범하지 않은 거실 바닥에 만족한다.

● POINT 2
기성 제품에 센스를 더한 새로운 테이블
집에 손님이 자주 오는 편이라 지인들과 술 한잔, 차 한잔을 즐기기에 부족함이 없는 큰 테이블을 마련했다. 화이트 컬러의 긴 라운드 테이블(이케아) 위에 원목 상판을 올리니 홈카페 느낌이 물씬 풍긴다.

● POINT 3
한눈에 반한 거실장
처음에는 벽걸이 스타일의 거실장을 계획했지만 지금의 거실장을 본 순간 한눈에 반해 덥석 들여왔다. 부부의 마음을 빼앗은 거실장은 도이치(Doich) 제품으로, 높은 스틸 다리가 있어 청소하기 쉽고 거실이 넓어 보이는 효과도 준다.

● POINT 4
소파, 쿠션, 러그의 옳은 만남
그레이 컬러의 소파에 다양한 패턴의 쿠션으로 포인트를 줬다. 소파 밑에는 러그를 깔아 단조로울 수 있는 거실을 감각적으로 변신시켰다. 러그는 따스한 느낌을 주고 어떤 인테리어와도 잘 어울리는 만능 아이템이다.

Kid room: 아이 방

위트가 더해진 발랄한 아이 방

지금의 집으로 이사하게 된 가장 큰 이유는 아이 방을 만들어주고 싶어서였다. 그만큼 공들여 꾸민 공간이다. 밋밋하지 않고 아이 방 특유의 발랄함을 살리기 위해 컬러가 다른 벽지를 사선으로 시공했다. 아이가 자라도 좁다고 느끼지 않게 베란다를 확장했다. 곳곳에 놓은 캐릭터 인형들이 아이 방에 유쾌함을 더한다.

● POINT 1

베란다의 멋진 변신

아이가 책을 사랑하는 사람으로 자랐으면 하는 마음으로 베란다를 확장해서 책을 읽는 공간을 만들었다. 외국 잡지에서 힌트를 얻어 아이가 머물고 싶은 공간으로 꾸미려고 노력했다. 예쁜 표지가 한눈에 보이도록 진열했다.

Study room: 서재

활용도 높은 레트로풍 공간

이 방은 다양한 용도로 쓰인다. 손님이 오면 게스트룸이 되고, 술을 즐기는 남편 윤정환 씨가 늦는 날에는 서로의 숙면을 위해 남편 방이 되기도 한다. 수납장과 옷장을 배치해서 부족한 수납공간을 해결하기도 한다. 우드 컬러의 가구를 선택해서 레트로풍으로 꾸몄는데, 키가 큰 수납장은 매스티지데코(Mastigedeco), 서랍장은 오투(OTWO) 제품이다.

Entrance: 현관

과감한 시도로 탄생한 멋스러운 중문

기존에 있던 중문을 철거하고 인디핑크 컬러로 다시 설치했다. 사선으로 중문을 달다 보니 신발장이 조금 좁아졌지만 불편한 것은 전혀 없다. 오히려 평범함을 벗어난 과감한 시도가 집의 포인트가 되었다. 집 전체 분위기를 그레이 & 화이트로 정하고 중문에 포인트 컬러를 쓰고자 했다. 그레이 컬러와 잘 어울리는 인디핑크를 선택하고, 골드 컬러의 손잡이를 붙이니 부부의 마음에 쏙 드는 중문이 완성되었다.

Bathroom: 욕실

블랙 컬러의 모던한 거실 욕실

나무문을 달고 싶었지만 습식 욕실에는 무리라는 판단에 슬라이딩 도어로 대체했다. 슬라이딩 도어는 공간을 넓게 쓸 수 있어 작은 욕실의 단점을 보완하는 아이템이다. 욕실 내부는 거실과 어울리도록 세면대, 타일, 수납장, 샤워기 등 모든 것을 블랙 컬러로 맞췄다. 아무리 청소를 해도 물때나 얼룩을 완벽하게 제거하기 어려운 욕실에 블랙 컬러는 탁월한 선택이었다.

 112㎡ ↔ 34평

성낙길·한효연 부부와
아들 승현이 함께 사는 아파트

숱한 말보다 은은한 온기만으로 위로가 되는 날이 있
다. 일상에 원동력이 되는 '온기'를 집 안 구석구석 불
어넣은 세 가족의 집은 그래서 더욱 특별하다. 거실에
서, 식탁에서 차 한잔을 즐기는 짧은 시간만으로도 힐
링이 되는 포근한 부부의 집은 어떤 모습일까. 온기가
필요한 이들을 위해 그들의 집을 공개한다.

STORY

사는 사람을 닮아 더 마음이 가는 집,
과하지 않아 더 아름다운 집

대전에 살던 부부는 지금의 아파트를 분양받아 지난 4월 세종시로 이사를 왔다. 전셋집에 살면서 마음대로 집을 꾸밀 수 없었던 아내 한효연 씨는 내 집 마련을 하고 '이렇게 꾸밀까, 저렇게 꾸밀까' 하는 행복한 고민을 이어갔다.

"아이가 있으니 신혼 때보다 집에 머무는 시간이 많아요. 마음에 쏙 드는 공간에 있으면 스트레스도 줄어들고, 육아에도 힘이 날 것 같았어요."

홈스타일링에 처음 도전한 한효연 씨는 집을 꾸미기 위해 정말 많은 자료를 찾아봤다. 집은 신기하게도 그곳에 사는 사람의 모습을 닮게 마련이다. 화이트 컬러의 밝은 옷을 좋아하는 한효연 씨 역시 인테리어 자료를 모으고 보니 온통 화이트 컬러였다. 시크, 모던, 경쾌 등 각기 다른 분위기를 풍기고 있지만 메인 컬러는 모두 화이트였다. 하지만 부부가 살고 싶은 집은 따스하고 포근한 집! '화이트 컬러의 공간에 따스함을 더할 것'이라는 쉽지 않은 도전 과제를 안고 인테리어의 긴 여정이 시작되었다.

"처음 이 집을 봤을 때 가장 마음에 들었던 것은 거실 창밖으로 보이는 울창한 초록 숲이었어요. 가슴이 뻥 뚫리는 느낌이었죠. 숲이 뿜어내는 청량감을 어떠한 방해 없이 고스란히 눈에 담기 위해서라도 집은 꼭 화이트 컬러로 꾸미고 싶었어요."

머릿속에 그려놓은 집에서 숲을 바라보는 그날이 다가올수록 몸의 피로도는 높아졌지만 마음은 매 순간 즐거웠다. 부부가 원했던 포근한 느낌은 자연의 힘을 빌리기로 했다. 우드와 라탄 소재의 가구와 소품을 곳곳에 배치하니 화이트 컬러와 조화를 이루면서 집 안에 온기가 채워졌다. 은은하게 포인트가 되면서도 여름에는 시원하고 겨울에는 포근해 보이니, 이 정도면 첫 인테리어 도전은 대성공이다!

공간의 중심;
침실

Bedroom

포근함이 감도는 침실

이 집의 특징은 거실보다 침실이 더 넓다는 것이다. 침실은 보통 침대와 서랍장이 전부인데, 부부는 침실을 잠자는 공간만으로 사용하고 싶지 않았다. 3명이 누울 수 있는 커다란 침대를 두고도 휑하게 남는 공간을 모른 척하는 것은 집에 대한 도리가 아니었다. 그래서 부부는 느낌 있는 침실 만들기에 돌입했다. 새집이라 벽지는 그대로 두고 가구와 소품만으로 색다른 느낌을 주기로 했다. 화이트 컬러가 메인인 거실이나 주방과는 달리 침실은 포근하고 따스한 느낌을 주고 싶어 원목 가구를 활용했다. 우드 프레임 침대를 놓고, 그 옆에 한 세트로 보이는 협탁을 놓았다. 라탄 의자까지 배치하니 안정감과 포근함이 제법 느껴졌다.

침실이 워낙 넓다 보니 침대를 놓고도 남는 공간이 많았다. 그냥 두기도, 뭔가를 놓기도 애매해서 소품을 활용하기로 했다. 침대에 누우면 바로 보이는 공간이니 더 따스하고 포근하게 꾸미고 싶었다. 잠들기 전 바라보는 것만으로도 따스한 기운이 전해지는 무언가가 없을까. 고민 끝에 라탄 소재의 소품, 작은 액자, 올리브 나무를 선택하고, 바닥에 러그도 깔았다. 진하지 않고 은은한 느낌의 원목 가구와 따뜻한 소재로 만들어진 소품, 초록의 나무와 화이트 컬러의 침구까지. 외출 전 거울을 보고 힘이 들어간 아이템을 하나 뺄 때 비로소 패션이 완성된다는 말처럼 멋스러움을 유지한 채 적당히 힘을 뺀 고수의 손길이 느껴지는 공간이다.

● POINT 1

소품과 올리브 나무가 내뿜는 따스한 기운

침실 한편에 라탄 소재의 소품과 작은 액자, 키 작은 올리브 나무를 두었다. 식물 가꾸는 것을 즐기지는 않지만 인테리어 자료를 찾다 보니 식물이 있는 집은 특유의 생기가 있었다. 사람 사는 집 같은 느낌이랄까. 초록이 주는 싱그러움과 생기가 좋아서 올리브 나무를 기르기 시작했는데 신기하게도 쑥쑥 잘 자란다. 덕분에 따스한 기운이 가득한 침실이 되었다.

● POINT 2

깔끔한 벽면의 포인트

허전해 보이는 침실 벽면은 가랜드 장식으로
꾸몄다. 디자인은 화려하지만 따뜻한 소재로
만들어 홀로 튀거나 과해 보이지 않는다.

● POINT 3

침대와 세트 같은 우드 협탁

침대 프레임에 잘 어울리는 작은 우드 협탁
을 두고 싶었다. 세트처럼 보이게 하고 싶었
는데, 이 정도면 대성공이다.

● POINT 4

톤 앤 매너를 고려한 심플한 원목 서랍장

서랍장은 붉은 계열의 원목으로 선택했다. 인터넷 검색으로 본 다양한
제품 중 부부가 최종적으로 선택한 것은 오투의 스카겐 6단 와이드 서
랍장이다. 서랍장 옆에 놓인 스탠드 거울은 2~3만 원으로 저렴하게
구입했다. 컬러와 디자인이 고풍스러워 아늑한 분위기를 내는 효과가
있다.

Living room: 거실

일상에 위로가 되는 공간

어린아이를 데리고 갤러리나 카페를 가기란 여간 어려운 일이 아니
다. 집에서 그런 분위기를 느낄 수 있다면 육아에 지쳤을 때 작은 위
로를 받을 수 있지 않을까. 부부의 집 거실은 화이트 컬러가 주를 이
룬다. 거실 수납장도 하얀색이고, 소파도 하얀색 커버를 씌워놓았다.
그래서일까. 거실 너머로 우거진 숲을 바라볼 때면 야외 카페에 온 것
같고, 오브제를 보면 갤러리에 온 듯한 느낌이다.

● **POINT 1**

패브릭을 활용한 소파의 변신은 무죄

화이트 소파의 정체는 원래 카키색 가죽 소
파다. 이사를 오면서 새로 살까 고민했지만,
버리기 아까워 하얀색 커버를 씌웠다. 제 것
처럼 딱 맞지는 않지만 오히려 자연스럽게
얹힌 느낌이다.

● POINT 2

오브제로 분위기 장착 완료!

거실 수납장 위에 TV만 놓여 있으니 조금 심심해 보여서 오브제를 올려두었다. 작은 변화만으로도 거실 벽에 포인트를 주면서 갤러리에 온 듯한 분위기가 연출된다.

Kitchen: 주방

하얗게 빛나는 주방

부부는 화이트 컬러의 주방에 대한 로망이 있었다. 원래 주방의 상부장이 우드 컬러여서 로망을 이루기 위해 주방의 변신은 피할 수 없었다. 화이트 컬러의 시트지를 상부장에 붙이고, 화이트 컬러의 커다란 라운드 테이블을 놓아 하얗게 빛나는 주방을 연출했다.

● POINT 1

아이를 위한 선택, 라운드 테이블

'ㄷ'자형 테이블 바로 앞에 커다란 라운드 테이블을 두었다. 모서리가 뾰족한 사각 테이블은 아이에게 위험할 것 같아 안전을 생각해서 고른 것이다. 화이트 컬러의 주방에 놓을 가구는 고민할 것도 없이 화이트! 테이블은 이케아 제품이고 그레이와 핑크로 포인트를 주고 싶어서 의자는 다른 곳에서 각각 따로 산 것이다.

Kid room: 아이 방

안전하게, 편하게, 자유롭게
여러 가지 장난감을 한 번에 펼쳐놓고 놀기를 좋아하는 아이에 맞춰 낮은 책장과 서랍장, 아이용 테이블만 두었다. 가구를 최소화하니 편안하고 자유롭게 움직이면서 놀 수 있는 방이 완성되었다.

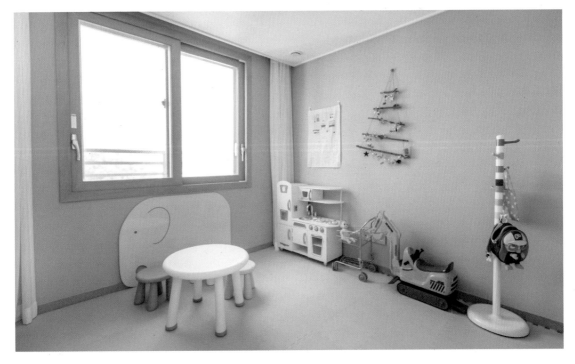

공간에 포인트를 더하다

119㎡ ↔ 36평

김미영 씨 부부와 아들,
고양이가 함께 사는 주상복합 아파트

미국에 살던 부부는 한국으로 돌아와 남편 회사 근처
에 새로운 보금자리를 마련했다. 서울 전경이 내려다
보이는 37층의 새집이라 원래의 공간에 포인트를 더
하는 것으로 인테리어 방향을 정했다. 부부의 노력으
로 순백의 공간은 표정을 덧입은 따스한 공간으로 다
시 태어났다.

STORY

표정을 덧입은
따스한 공간으로 재탄생하다

지난 5년 동안 미국에 살았던 김미영 씨는 한국에 돌아오기 3년 전에 지금의 집을 분양받았다. 남편 회사 근처이기도 하고, 안정적인 것을 추구하는 성향이기도 해서 이 집을 사기로 결정하게 되었다. 화창한 날은 서울 전경이 멀리까지 보일 만큼 전망이 좋다. 창밖의 풍경이 그림 액자를 건 듯 인테리어 효과를 주기도 하고 새집이라 크게 보수할 부분도 없었던 터라 포인트에 집중한 인테리어를 하기로 했다.

김미영 씨는 동양화를 전공했다. 미술적 감각에 평소 인테리어 숍을 즐겨 다녔던 경험이 더해져 어렵지 않게 인테리어 방향을 잡았다. 평소 좋아하던 우드, 보태니컬을 키워드로 삼고, 액자와 조명 등 소소하지만 집 안의 분위기를 담당할 수 있는 소품으로 포인트를 주었다. 미국에 살 때는 정원이 있어서, 집 안에 식물이 없어도 언제든 초록의 자연을 볼 수 있었다. 그에 비해 한국은 집 안에 식물을 들이지 않으면 자연을 볼 기회가 많지 않았다. 생활 속에 초록을 들여놓기 위해, 잡지를 보면서 유행하는 식물들을 찾아보는 등 나름의 노력으로 집 안에 식물을 하나씩 늘려갔다. 커다란 우드 조명으로 따스함을 더하고, 현관에는 식물 그림의 액자도 걸었다.

부부의 집에는 아들 말고도 식구가 더 있다. 고양이 '미미'. 열한 살 된 미미는 어릴 때와 달리 식물에 호기심이 없다. 집 안 곳곳에 식물이 있는 초록 인테리어를 가능하게 한 숨은 공신이 바로 고양이 미미인 셈이다.

거실에 놓은 스크래처를 보고는 비로소 존재를 눈치챌 수 있는 고양이 미미처럼, 말하지 않으면 알 수 없는 재밌는 사실이 하나 더 있다. 이 집은 매주 두세 번 김미영 씨의 일터로 변신한다. 집에서 마카롱 클래스를 운영하고 있는데, 미국에서 배우기 시작한 베이킹이 지금의 직업이 되었다.

순백의 공간에 즐거운 이야기를 차곡차곡 채워나가는 가족의 집. 계절의 변화, 세월의 변화에 따라 또 어떤 공간으로 변화할지, 그 속에서 어떤 행복한 이야기들이 펼쳐질지 궁금해진다.

공간의 중심; 거실

Living Room

깔끔하고 세련된 거실

아이가 있는 집의 거실이라고 하면 대부분 머릿속에 그려지는 모습이 있다. 층간 소음 방지 매트와 어지럽게 놓인 장난감들……. 김미영 씨 부부의 거실은 남자아이가 있는 집이라고는 믿기지 않을 만큼 깔끔하고 세련됐다. 조심성 많고 정리도 잘하는 아이와, 아랫집의 이해, 2개의 창으로 보이는 그림 같은 풍경 덕분이다.

거실의 벽면에도 어김없이 김미영 씨의 노력이 묻어 있다. 허전한 벽에 포인트를 주기 위해 파벽돌을 셀프 시공한 것이다. 인터넷 검색부터 준비물 구입, 기존 벽지 제거에 줄눈 작업까지 모든 것을 직접 했다. 속도는 더뎠지만 만족도는 높았다.

셀프 시공의 가장 힘든 점은 기존 벽지를 떼어내는 것이었다. 벽지 제거를 완벽하게 하지 않으면 나중에 시공한 파벽돌이 떨어질 수 있기 때문이다. 전체적인 분위기에 맞춰 그레이가 섞인 화이트 컬러를 선택했고, 심플한 조명에 전선도 모두 보이지 않게 숨겼다. 시공은 일주일 정도 걸렸고, 비용은 20만 원 정도 들었다.

완성된 벽에 식물과 소품으로 장식하니 거실뿐 아니라 거실이 한눈에 보이는 주방까지 로맨틱한 분위기가 감돈다. 흰 종이에 몇 번의 붓 터치만으로도 멋진 그림이 완성되듯이 화이트 컬러의 공간에 약간의 포인트를 더한 것만으로 멋진 공간이 탄생했다.

● POINT 1

디자인과 실용성까지 갖춘 소파

거실의 소파는 웨스트 엘름(West Elm) 제품으로 미국에서 가지고 왔다. 아이가 어려서 음식을 쏟는 일이 종종 있는데, 이를 고려해 어두운 색으로 선택했다.

● POINT 2

날씨가 추워졌다는 신호, 카펫

계절의 변화를 집 안에서도 느끼고 싶어서 구입한 카펫도 소파와 같은 웨스트 엘름 제품이다. 여름에는 걷고, 날씨가 추워지면 바닥에 깐다. 같은 브랜드 제품이어서인지 소파와 세트처럼 잘 어울린다.

● POINT 3

벽 한쪽을 셀프 인테리어로

처음에는 화이트 컬러의 벽지였다. 허전한 느낌을
없애기 위해 '한쪽 벽면에 포인트를 주자'고 생각
한 것이 파벽돌 셀프 시공의 시작이었다. 미술 전
공자였던 김미영 씨도 처음 도전하는 셀프 시공에
걱정이 앞섰지만 인터넷으로 찾아본 많은 정보에
용기를 얻었다고 한다.

Kitchen: 주방

우드 컬러가 안정감을 주는 주방

주방은 가족을 위한 공간이자, 매주 두세 번 마카롱 클래스를 여는 김미영 씨의 일터이기도 하다. 이를 고려하여 넓은 원목 테이블을 두었다. 물건이 많을 수밖에 없는 공간의 특성을 고려해서, 인테리어 아이템들을 최소화하고, 조명과 식물로 포인트를 주었다. 원목 테이블과 커다란 우드 조명, 테이블 위의 식물이 공간을 따스한 기운으로 채운다.

● POINT 1
눈길을 사로잡는 우드 조명

김미영 씨는 조명에 애정이 깊다. 인테리어를 할 때도 조명을 굉장히 중요한 요소로 생각한다. 주방에는 우드 테이블과의 조화를 고려해 커다란 우드 조명을 설치했다.(크레이트 앤드 배럴(Crate and Barrel)의 세컨 브랜드인 CB2에서 46만 원 정도에 구입)

● POINT 2
세월만큼 멋스러움이 깊어지는 우드 식탁

예전부터 주방은 모던하고 내추럴한 우드 계열로 꾸밀 계획이었다. 미국에서 1년 정도 사용하던 테이블을 가지고 왔는데, 생각했던 주방 분위기를 완성하는 데 큰 역할을 했다. 우드 제품이라 홈에 먼지가 끼는 불편함은 있지만, 사용하면서 생기는 흔적들마저 가구의 아름다움이라고 생각한다.

Bedroom: 침실

블랙 & 화이트로 꾸민 침실

침실은 붙박이장과 욕실, 파우더 룸으로 구성했다. 블랙 & 화이트로 심플하게 꾸민 침실이지만, 독특한 디자인의 선반에 강렬한 그림까지, 눈길을 끄는 요소가 곳곳에 있다. 강렬하지만 튀지 않고, 독특하지만 공간에 스며드는 것. 이것이 블랙 & 화이트의 힘이 아닐까.

● POINT 1
분위기를 이끄는 그림 한 점
오래전 김미영 씨가 직접 그린 그림을 걸어 두었다. 먹에 호분(조개 가루)으로 그린 작품인데, 차분한 침실 분위기를 만드는 데 한 몫하고 있다.

● POINT 2
나쁜 꿈을 걸러주는 드림캐처
드림캐처는 산타페 여행 중 구입한 것이다. 나쁜 꿈을 걸러준다고 해서 걸어두었는데, 심플한 인테리어의 침실에도 생각 외로 잘 어울린다.

● POINT 3
새로운 색을 입고, 공간에 스며든 조명 선반
침대 옆에 있는 독특한 디자인의 조명 선반은 미국에서 쓰던 것을 가지고 왔다. 원래는 우드 컬러였는데, 집 안 분위기에 맞춰 화이트 컬러의 페인트로 칠했다.

Kid room: 아이 방

그린으로 포인트를 준 아이 방

아이가 품은 무한한 가능성과 싱그러운 에너지를 꼭 닮은 아이 방은 메인 컬러인 화이트와 포인트 컬러인 그린이 조화를 이룬다. 상상력을 자극하는 우주행성 모빌과 자연의 에너지를 품은 고무나무 등이 화이트 컬러의 가구들 사이에서 튀지 않으면서도 은은한 존재감을 드러내며 아이 방을 멋스럽게 만든다.

● **POINT 1**

방의 특성에 맞춰 선택한 커튼

집 안의 모든 커튼은 화이트 컬러이지만, 소재를 달리하여 단조로운 느낌을 피했다. 따뜻함을 유지하기 위해 미국에서 쓰던 암막 커튼을 설치했다.

● **POINT 2**

아이 방에 잘 어울리는 동글동글 귀여운 고무나무

공기 정화를 위해 구입한 고무나무가 방 한편에서 인테리어 포인트 역할을 한다. 해초 바구니에 담아 자연적인 느낌을 더한 고무나무는 잎이 동글동글해서 아이 방과 잘 어울린다.

● POINT 3

눈을 뜨면 우주가 펼쳐지는 모빌

매일 밤 상상력과 꿈이 꿈틀댈 것 같은 우주행성 모빌은 아이 침대 위에서 멋진 스타일링 포인트가 된다.

● POINT 4

심심한 벽에 재미를 더한 포스터

벽면에 그래픽 포스터 액자를 걸어 자칫 허전해 보일 수 있는 화이트 벽의 단점을 보완하고 감각적인 느낌을 더했다.

● POINT 5

그린 컬러로 산뜻함을 담은 수납장

아이 방에서 포인트 컬러 역할을 톡톡히 하고 있는 수납장은 이케아 제품이다. 마음에 쏙 드는 컬러는 물론 가격도 저렴하고, 무엇보다 열고 닫을 때 힘이 들어가지 않아 편리하다.

Study room: 서재

심플함과 강렬함이 공존하는 서재

서재의 포인트는 단연 한쪽 벽면을 꽉 채운 그림 액자다. 작은 책상과 책장, 친정어머니가 보내주신 화병, 화병에 꽂힌 조화가 전부이지만 휑한 느낌은 전혀 없다. 다분히 서재다운 공간, 그래서 더 멋스러운 공간이다.

● **POINT 1**

디자인과 활용도, 둘 다 잡은 책상

서재에서 보내는 시간이 길지 않기 때문에 심플한 사이즈의 책상과 책장을 배치했다. 작은 공간을 최대한 활용할 수 있는 디자인을 선택하여 공간 활용도를 높였다.

● **POINT 2**

존재감 100%, 직접 그린 액자

동양화를 전공한 김미영 씨가 대학교 3학년 때 그린 그림으로, 10년도 더 지난 작품이 벽면을 채우고 있다. 세월의 힘일까, 그림의 힘일까. 액자 하나가 서재의 분위기를 압도한다.

Entrance: 현관

첫인상을 맡고 있는 따스한 현관

현관은 집의 첫인상을 담당한다. 초록의 식물 그림이 반기는 이곳의 첫인상은 따스함이다. 제각각 다른 모양의 식물이지만, 튀는 것 없이 편안한 기운을 내뿜는 6개의 액자가 걸린 현관은 집 안의 분위기를 압축해서 보여주는, 잘 만들어진 예고편 같은 느낌이다.

● POINT 1

미국에서 함께 온 싱그러움 6조각
현관을 들어서면 보이는 벽에 편안하고 자연스러운 느낌을 주는 보태니컬 액자를 걸었다. 미국에서도 사용했던 소품으로, 인터넷에서 찾은 그림을 인쇄해서 액자로 만든 것이다.

Bathroom: 욕실

있는 그대로 멋스러운 욕실

욕실은 리모델링을 따로 하지 않고 그대로 사용하고 있다.

122㎡ ↔ 37평

조봉관·김진영 부부와
아들 은호·정우가 함께 사는 아파트

강한 컬러를 좋아하는 터프한 성향에 따로따로 산 물건
들을 조화롭게 배치하는 감각, 그림을 좋아하는 예술성
에 대형 화분을 가꾸는 섬세함까지, 비범한 이들 부부
가 사는 집은 계절에 따라 그림이 변하고, 그림에 따라
인테리어가 변한다. 3개월마다 변화를 겪지만, 취향은
확고한 집. 유행에 치우치지 않고 부부의 색깔이 오롯
이 담긴 집을 만나보자.

계절이 바뀌면 우리 집도 달라져요

아내 김진영 씨는 여성복 소재 디자이너, 남편 조봉관 씨는 원단 관련 직종에서 일한다. 그래서인지 부부는 강한 컬러를 선호하는 편이다. 사용하던 가구도 진한 컬러가 대부분이어서, 전체적으로 라이트한 느낌으로 꾸미고, 부부의 취향과 가구에 맞춰 그레이 컬러가 메인인 공간으로 바뀌었다.

"남편이나 저는 무언가를 살 때 강렬한 컬러에 끌리는 편이에요. 또 유행하는 것보다 우리 눈에 예쁜 것을 모으는 편이죠. 그러다 보니 자연스럽게 우리 취향이 오롯이 담긴 집이 완성되었어요. 집에 놓인 액자들도 몇 년 동안 모은 거예요. 예전에는 시즌마다 옷을 샀는데, 지금은 가구와 그림을 구입해요. 세월에 따라 소비 패턴도 바뀌나 봐요."

가구와 그림을 좋아하는 부부는 렌탈 서비스를 이용해 3개월마다 새로운 그림을 거실 벽에 걸고 그에 맞춰 집 인테리어를 바꾼다. 그림에 따라 인테리어를 하는 것이다.

부부에게 집은 어떤 의미이기에 3개월마다 인테리어를 바꾸는 수고를 즐겁게 받아들이는 것일까. 부부는 직장 생활을 하고 아이들은 학교에 다니다 보니 네 가족이 모두 모일 수 있는 시간이 매우 적은 편이다. 그래서 집을 '머물고 싶은 곳, 쉼과 생동감이 있는 곳, 편안한 곳'으로 만들고 싶었다.

"무언가를 보다가 '이런 인테리어 어때?'라고 물으면, 상대방은 망설이지 않고 '한번 해보자!'고 답해요. 언제나 함께 의견을 나누고 집을 꾸미는 것이 즐거워요. 물론 때로는 의견 충돌도 있고, 3개월마다 인테리어를 하다 보면 힘들기도 하죠. 하지만 변화된 공간 속에 가족이 모여 앉아 도란도란 이야기를 나누는 행복에 비하면 힘든 것은 아무것도 아니에요."

차 한잔을 마셔도, 간식 하나를 먹어도 뚝딱 차려 후다닥 해치우는 것이 아니라 아름다운 공간 속에서 그 시간을 즐기려고 하는 가족이다. 이들에게 계절별로 변화는 인테리어는 숙제가 아닌 축제, 수고가 아닌 설렘이 아닐까.

공간의 중심;
거실

Living Room

갤러리 부럽지 않은 거실

부부의 집 거실에는 TV가 없다. 생각보다 불편하지 않고 TV가 없으면 인테리어를 할 때도 조금 더 자유롭다. 아이들도 불편을 토로하지 않고 '우리 집이 호텔보다 좋다'며 즐거워한다.

식물을 좋아하는 아이들의 취향을 고려해 대형 식물을 놓으니 카페에 온 듯한 느낌이다. 컬러감 있는 가구와 커다란 화분, 빈티지 소품들과 오픈 갤러리에서 대여한 그림이 한데 어우러져 부부의 집 거실을 멋스럽게 만든다.

집을 카페처럼 꾸미고 싶다면 대형 식물이 좋은 아이템이 될 수 있다. 생명이기에 손이 많이 가지만 주말마다 물을 주고 환기를 시키는 등 아이 키우듯 관리하니 쑥쑥 잘 자란다. 오픈갤러리에서 대여한 그림은 3개월에 한 번씩 바꾸는데, 그 주기에 맞춰 거실 인테리어도 바꾼다. 하얀 벽에 그림만 걸어도 공간 가득 생동감이 차오른다. 오픈갤러리는 국내 작가들의 작품을 대여해 주는 곳으로, 다양한 작품을 보유하고 있다. 때마다 내가 원하는 그림을 고를 수 있는데, 대여료는 작품 호수에 따라 월 1만 5천 원부터 다양하다. 미술 작품을 집에 걸어두고 매일 감상할 수 있는 호사에 비하면 저렴하지 않은가. 지금 거실에 걸어둔 작품은 봄 느낌을 주고 싶어서 선택한 그림인데, 스며드는 햇살과 나무, 따스한 공기, 원목 가구들과 너무 잘 어울린다.

● POINT 1
강한 컬러의 개성 있는 소파
소파의 위치는 그림을 기준으로 바꾼다. 그림과 일자로 배치할 때도, 그림을 마주 보게 배치할 때도 있다. 배치를 바꾸는 것만으로도 공간 전체의 분위기가 달라지는 효과를 충분히 낼 수 있다. 소파 위에 놓은 쿠션은 하나씩 따로 구입했다. 강한 컬러의 소파와 다양한 컬러의 쿠션이 만나 세련된 느낌을 더한다.

● POINT 2

가볍게 살랑이는 화이트 커튼

집 전체가 톤 다운된 느낌이기 때문에 분위기를 중화하기 위해 커튼을 화이트 컬러로 선택했다.

● POINT 3

눈은 즐겁게, 마음은 편안하게

거실 한쪽은 '바라만 봐도 편안한 공간'으로 꾸몄다. 소파에 앉아 그림을 감상할 수 있도록 마주 보이는 곳에 그림 두 점을 걸고, 편안한 느낌을 더하는 화분과 책장, 스피커도 두었다.

● POINT 4

멋에 실용까지, 이것이 고수의 손길!

따로 사용하던 러그 2개를 겹쳐서 깔았다. 밑에 깔린 러그는 푹신한 느낌이고, 위의 러그는 얇은 소재이다. 소재부터 컬러까지 서로 다른 러그를 겹쳐놓으니 보기에도 좋고, 얇은 소재의 러그만 세탁하면 되니까 관리하기도 편하다.

Kitchen: 주방

지저분한 것은 안으로, 멋진 것은 밖으로

오픈되어 있던 주방을 화이트 컬러의 커튼으로 분리했다. 주방의 특성상 매일 부지런히 정리해도 지저분할 수밖에 없다. 애초에 불가능한 것에 스트레스를 받기보다 가리는 것을 선택했다. 가벽을 설치할까 고민했지만 가격을 비롯해 여러 가지 고려한 끝에 레일을 달아 커튼을 설치했다. 주방을 가리는 커튼은 거실의 이중 커튼에서 가져온 것으로 리넨 소재라 무겁거나 답답해 보이지 않는다.

● POINT 1

따로 태어나 한몸이 된 가구

서로 다른 의자가 회동이라도 하듯 옹기종기 모여 있는 테이블
이 인상적이다. 세트로 맞추는 것을 좋아하지 않아 테이블을 먼
저 사고 의자는 마음에 드는 것을 발견할 때마다 하나씩 들였다.
빈티지 테이블은 허먼밀러 제품이다.

Bedroom: 침실

다양한 분위기가 조화로운 침실

하나는 부부의 침대, 하나는 아이들의 침대다. 아이들 침실이 따로 있지만, 아직은 엄마 아빠와 자고 싶어 해서 2개를 놓았다. 부부의 침대는 클래식한 디자인으로, 아이들 침대는 화이트 컬러의 모던한 디자인으로 선택했는데, 함께 두어도 조화롭게 잘 어울린다. 침실 한편에 키가 천장까지 닿을 듯한 커다란 알로카시아 화분을 놓으니 이색적인 분위기가 감돈다.

● POINT 1

감각을 걸다

그레이 컬러 벽은 흰 벽에 비해 휑한 느낌은 덜하지만, 벽에도 소소한 재미를 주고 싶어 액자를 걸었다.

● POINT 2

모던한 수면등

아이들 침대가 놓인 벽에 걸린 등은 허먼밀러 제품으로 수면등으로 사용하고 있다.

● POINT 3

선반으로 변신한 책장

침대 사이에 놓인 화이트 컬러 선반은 원래 책장인데, 공간의 쓰임에 맞게 소품을 올려두는 선반으로 사용하고 있다.

Kid room: 아이 방

독서 의욕 뿜뿜!

아이들이 자연스럽게 책과 친해질 수 있도록 침대를 책장으로 둘렀
다. 아이 방 사진을 SNS에 업로드하면 많은 사람들이 "침대와 책장이
일체형인가요?"라는 질문을 남긴다. 서로 다른 서랍장과 책장, 침대를
테트리스처럼 이어 맞춘 것이다.

Play room: 놀이방

따스한 생동감이 넘치는 방

아이들이 공부하는 공간이자 놀이 공간이다. 처음에는 각자 따로 방을 만들어줬는데, 둘이 함께 무언가를 하는 것을 좋아해서 하나는 놀이방, 하나는 침실로 꾸며주었다. 놀이방에는 커다란 원목 테이블, 포근한 느낌이 드는 컬러의 수납장과 카펫, 아기자기한 소품들을 두어 아이 방 특유의 오밀조밀하고 유쾌한 분위기를 연출했다.

Study room: 서재

집 안의 전혀 다른 공간

부부의 작업실은 다른 방과 달리 바닥을 대리석으로 깔았다. 집을 분양받을 때 옵션 중 하나였다. 개인 작업 공간은 다른 공간과 확실하게 분리되는 느낌을 연출하고 싶었다.

Entrance: 현관

그림이 첫인사를 건네는 집

현관에서 거실까지 이어지는 복도가 있지만 곧바로 신발장이 연결되는 것이 마음에 들지 않아 중문을 설치했다. 집의 메인 컬러인 그레이에 맞춰 시트지를 붙이고, 집에 들어서면 맨 먼저 그림이 맞이하도록 바닥에 액자를 두었다. 무심하게 툭툭 쌓아둔 듯하지만 집에 들어올 때마다 그림을 마주하니 갤러리에 온 것 같은 느낌도 든다.

125㎡ ↔ 38평

김진환·안지현 부부와
두 딸 서윤·보경이 함께 사는 아파트

예쁜 것을 발견할 수 있는 것도, 예쁜 것을 만들 수 있
는 것도 큰 복이다. 캔들과 꽃, 그림까지 다양한 취미를
섭렵한 일명 금손 안지현 씨의 재능은 20년 남짓 오래
된 집을 인테리어할 때 빛을 발했다. 새 옷으로 멋스럽
게 바꿔 입은 집은 부부에게 온전한 휴식을, 집을 방문
한 사람들에게는 멋진 그림을 감상하는 호사를 누릴 수
있는 특별한 곳이다.

다양한 취미가 인테리어의 밑거름이 되다

8년 전 이 집을 처음 봤을 때 체리색 몰딩을 비롯해 전체적으로 구식 느낌이 가득했다. 그래서 일단 몰딩부터 벽지까지 집 전체를 화이트 컬러로 바꿨다. 그리고 하얀 도화지에 그림을 그리듯 조금씩 차곡차곡 공간을 채워나갔다. 부부는 유행에 흔들리지 않고, 자신이 좋아하는 것들로 소소한 변화를 주며 즐거운 기억과 추억으로 집 안을 꾸몄다.

아내 안지현 씨는 그림을 좋아한다. 공간의 분위기를 바꾸고 싶을 때 예쁜 그림을 사고, 때때로 직접 그리기도 한다. 취미는 그림뿐이 아니다. 캔들도 만들고, 8년 전에는 플로리스트 자격증도 땄다. 이런 재능 덕분에 계절이 바뀔 때나 기분 전환이 필요할 때 꽃으로 인테리어를 한다. 인테리어에 관한 아이디어는 인터넷이나 잡지에서 얻기도 하지만, 안지현 씨에게 가장 큰 영감을 주는 것은 전시회다. 아는 만큼 보이는 법, 다양한 작품을 보면 시각적인 감각이 높아진다.

안지현 씨는 대부분의 시간을 집에서 보낸다. 취미 활동도 집에서 하는 만큼 애정이 남다르다. 그래서 온전히 쉴 수 있는 편안하고 예쁜 공간으로 꾸미기 위해 노력했다. "문득문득 떠오르는 아이디어를 모두 적용할 수는 없어요. '이렇게 하면 예쁘겠다'고 생각해도, 막상 우리 집에서는 겉돌 수 있거든요. 혼자 빛을 내기보다 다른 것들과 어울렸을 때 빛이 나는 물건을 선호해요. 사용할 때도 불편하지 않아야 하고요."

남다른 감각을 잘 정제해서 오래된 아파트를 멋스럽게 바꾼 안지현 씨의 이야기를 들어보자.

공간의 중심 ; 주방·다이닝룸

Kitchen

고정관념에서 벗어난 자유로운 공간

최근에 싱크대가 주저앉아 주방 공사를 했다. 타원형 구조의 집으로 주방이 약간 삼각형 모양이어서 싱크대를 고를 때 고민이 많았다. 최대한 심플하고 튀지 않는 디자인에 75센티미터 깊이로 수납공간을 확보했다. 무난한 디자인에 포인트를 줄 아이템은 타일! 타일을 고르기 위해 자료를 찾아보다가 외국 잡지에서 아이디어를 얻었다. 이국적인 무늬는 직선이나 'ㄷ' 자형 구조보다 이 집처럼 경쾌한 구조의 주방에 잘 어울린다.

싱크대 상부장에는 간접조명을 달았다. 열심히 검색해서 누구나 쉽게 설치할 수 있는 제품을 발견했는데, 원하는 길이로 잘라서 붙이기만 하면 되니 정말 간단하다. 비싼 비용을 들여서 조명 공사를 하지 않아도 그만큼의 효과를 볼 수 있는 제품이 요즘은 정말 많다고 한다.

부부의 주방은 특이한 구조만큼 자리 배치도 독특하다. 식탁이 있어야 할 자리에는 냉장고, 냉장고가 있어야 할 자리에는 트롤리가 있다. 고정관념에서 벗어나 취향과 쓰임에 맞게 배치한 것이다. 냉장고는 가벽 역할을 하고 트롤리는 인테리어 효과를 내는 등 저마다의 역할로 빛을 낸다. 식탁은 거실을 마주 보는 위치에 두고 다이닝룸처럼 활용한다. 식사를 하는 것뿐 아니라 티테이블, 그림 그리는 작업대, 책을 읽는 공간으로 다양하게 쓰인다. 활용도 만점의 식탁 뒤에 다양한 물건을 보관할 수 있는 수납장을 놓으니 그럴듯한 다이닝룸이 완성되었다.

● POINT 1

8년의 세월이 묻어난 멋스러운 원목 테이블

8년째 사용하고 있는 6인용 원목 식탁이다. 원목은 오래되어 손때가 타고 세월의 흔적이 묻을수록 더 멋스럽다는 것이 부부의 생각이다. 그런 원목의 매력이 가려지지 않도록 식탁 위에 유리를 깔지 않았다. 식탁 의자는 Y체어로 등받이 부분이 활처럼 둥글게 휘어져 있는 것이 특징이다. 식탁과 함께 구매했는데 사용할수록 매력적으로 느껴진다. 요즘 유행하는 아이템은 아니지만 가구에 묻은 세월 때문인지 볼수록 애착이 간다.

● POINT 2

인테리어 효과까지 더한 실용적인 수납장

식탁 뒤에 놓인 수납장은 이케아 제품으로 2개의 수납장을 길게 연결한 것이다. 원래 바닥에서 띄워 벽에 고정하는 것인데 별도로 다리를 달고 바닥에 놓았다. 책을 많이 읽는 편이라 이 수납장에 수시로 올려두다 보니 자연스럽게 책이 인테리어 요소가 되었다. 수납장 위에는 직접 그린 그림을 걸어두었다. 3주 만에 완성한 피카소의 〈노란 머리의 여인〉 모작이다.

● POINT 3
이국적인 분위기를 연출하는 트롤리

싱크대의 수납공간이 충분해서 더 넓게 설치할 이유가 없었다. 원래 냉장고 자리였는데, 거실에서 봤을 때 툭 튀어나오는 것이 예뻐 보이지 않아 트롤리를 두었다. 이 위에 그림과 마음에 드는 소품들을 올려두니 주방이 더 이국적으로 보인다.

● POINT 4
독특한 구조가 특별함을 만들다

타원형 구조의 주방은 싱크대 모양도 독특하다. 일반적인 아파트와 다른 구조여서 더욱 이국적인 느낌이 난다. 수납공간을 충분히 확보하기 위해 깊이를 더 주었고, 상부장 아래는 저렴한 가격의 간접조명을 설치했다.

● POINT 5
무엇이든 어울려야 예쁘다!

조명은 심플한 모양에 디자인 요소가 가미되고 사용하기 편한 것을 선호한다. 예쁜 조명을 발견하면 집에 어울리는지 머릿속으로 그려본 다음 구입한다. 아무리 예뻐도 집 공간에 어울리지 않으면 인연이 없는 것이라고 생각한다. 수납장 위의 조명도 이러한 기준에 따라 부부의 집에 입성할 수 있었다.

Living room: 거실

낮은 밝아서, 밤은 고요해서, 안은 따스해서 참 좋은 거실

베란다가 확장되어 원래 가로로 긴 구조의 거실이 더 길어 보인다. 이사 오기 전부터 거실과 베란다 사이에 폴딩도어가 있었는데, 폴딩도어를 아예 열어두고 거실을 더 넓게 사용하고 있다.

집 전체에 햇빛이 스며드는 것이 좋아 암막 커튼이나 짙은 컬러의 커튼은 피했다. 집 앞이 산이어서 현란한 야간 불빛을 걱정할 필요도 없다. 낮에는 온전히 빛을 받아들이고, 밤이 되면 정말 고요한 거실을 부부는 참 좋아한다.

● **POINT 1**

변신이 쉬운 패브릭 소파

부부는 가죽 소파보다 분위기를 바꾸고 싶을 때 천 갈이만 하면 되는 패브릭 소파를 선호한다.

● **POINT 2**

바닥에 깔기만 하면 분위기 전환!

분위기를 바꾸는 데 카펫만 한 것이 없다고 생각할 만큼 부부는 카펫을 좋아한다. 바닥이 편안한 느낌의 우드 컬러인데, 모던하고 세련된 느낌을 주고 싶어서 심플한 패턴이 있는 무채색 톤의 카펫을 깔았다.

● POINT 3

공간을 부드럽게 만드는 에그체어

베란다를 확장한 공간에 편안한 느낌의 에그체어를 놓았다. 부드러운 곡선의 에그체어는 공간의 포인트가 되면서 전체적인 분위기를 온화하게 만든다. 부부는 여기 앉아 책을 읽는 시간, 여유가 몸을 감싸는 그 시간을 좋아한다.

● POINT 4

모던함이 반짝반짝!

거실 천장의 조명은 해외 직구로 구입한 제품이다. 샹들리에처럼 늘어진 조명은 집 전체 분위기에 어울리지 않는 것 같아 모던한 스타일로 선택했다.

● POINT 5

TV는 더 이상 걸림돌이 아니다

인테리어를 할 때 가끔 걸림돌이 되는 것이 바로 TV다. 하지만 스탠드 TV는 어떤 방향으로도 놓을 수 있어 TV 위치를 기준으로 인테리어를 구상하지 않아도 된다.

● POINT 6

시트지 하나로 테이블에 새 생명을

거실의 카펫 위에 놓인 테이블은 예전부터 쓰던 것이다. 주방 식탁과 같은 컬러였는데, 거실 분위기에 맞추기 위해 시트지를 붙였다. 단지 시트지를 붙였을 뿐인데 전혀 다른 테이블이 되어 대만족이다. 시트지를 붙이고 드라이어로 말리면 쫙 펴지면서 붙이는 과정에서 생긴 공기방울이 사라진다. 붙이는 방법도 쉽고 종류도 다양하니, 시간이 지나 대리석 무늬가 싫증 나면 또 다른 시트지를 붙이면 된다.

Entrance: 현관

집 전체의 인상을 담당하는 현관

개방된 느낌을 주기 위해 중문을 유리로 설치했다. 현관문을 열고 들어왔을 때 신발장만 보이면 왠지 삭막한 느낌이 들 것 같아 가구와 직접 그린 그림으로 포인트를 주었다. 인테리어에 어울리는 색감의 그림 때문에 집 전체가 더욱 감각적으로 느껴진다.

● POINT 1

독특함에도 이유는 있다!

부부는 유행하는 스타일을 따라가지 않는 편이다. 중문 역시 남들이 하지 않는 것, 심플한 것을 찾다가 발견했다. 중문 자체를 투명 유리로 설치한 것을 보고 주변 사람들은 독특한 발상이라고 하는데, 꼭 디자인 때문만은 아니다. 부부의 집은 현관이 좁은 편이라 신발장이 있는 공간이 답답해 보이지 않게 하고 싶었다. 집 안에서 중문을 봤을 때는 신발이 보이지 않도록 최소한으로 막아 지저분해 보일 수 있는 단점을 보완했다.

● POINT 2

거울을 보는 것은 언제나 기분 좋은 일!

디자인페어에서 구입한 제품이다. 외출할 때 모습을 체크하기에 안성맞춤이다. 신발장 앞에도 거울이 있지만 중문을 열고 나가기 전이나 들어올 때 이 거울이 갤러리 숍 같은 역할을 한다.

● POINT 3

집 안의 작은 갤러리

현관에 들어섰을 때 처음 시선이 닿는 공간이다. 신혼 때부터 사용하던 20년 남짓 된 수납장을 두고 직접 그린 그림을 걸어 갤러리에 온 것 같은 느낌을 연출했다.

Bathroom: 욕실

딸의 취향이 반영된 따뜻한 욕실

딸들이 주로 사용하는 욕실이다. 높지 않은 세면대를 선택했고, 따뜻한 느낌을 주는 우드로 수납공간을 만들었다. 수납장 밑에는 주방에서 사용하는 것과 같은 간접조명을 설치했는데, 1~2만 원 정도로 가성비가 좋다. 욕실에 파티션을 설치해 샤워 공간을 만들려고 했는데, 거품 목욕을 좋아하는 딸아이의 취향을 고려해 이동식 욕조를 놓았다.

SPECIAL PART

좀 더 특별한 공간을 꿈꾼다면

넓은 도화지 앞에서는 상상력이 증폭되듯이,

넓은 공간이라면 조금 더 특별한 인테리어가 가능하다.

여기에 독특한 구조까지 더해진다면 다양하고 재밌는 시도를 해볼 수도 있다.

방과 다락을 미끄럼틀로 잇고, 바다를 마주 볼 수 있도록 창을 내는 등

공간을 꾸미는 것을 넘어 쓰임에 맞게 설계하는 개성 만점 공간을 들여다보자.

취향이 스며든
멋스러운

빈티지 하우스

155㎡ ↔ 47평

하재경·허인준 부부의 숲세권 빌라

"집은 그곳에 사는 사람의 취향을 대변해요. 나에게 맞지 않는 옷은 버리면 그만이지만, 큰돈과 노력이 들어간 집은 그럴 수 없잖아요. 인테리어를 하기 위해서는 내가 어떤 라이프 스타일을 가지고 있는지, 어떤 것을 좋아하는지 깊이 고민하는 시간을 반드시 가져야 해요. '나는 어떤 집에서 살고 싶은가?'라는 물음에 답하는 것부터 시작해 보세요." 트렌디한 것에는 눈이 가고, 나다운 것에는 마음이 간다. 내가 살 집의 인테리어를 시작할 때는 트렌드와 취향 사이에서 고민하게 된다. 어느 한쪽을 선택하기 힘들 때는 하재경·허인준 부부의 인테리어 스토리가 좋은 답을 줄 것이다.

드디어 숲세권 생활이 시작되다

하재경·허인준 부부는 아파트에서 신혼 생활을 시작했다. 다른 건물에 막혀 전망이라고는 누릴 수 없었던 아파트에서 생활하다 보니 숲세권의 조용한 동네에서 살고 싶은 소망을 품게 되었다.

"바로 지금이야!" 아파트에서 생활한 지 2년, 숲세권의 소망을 이루기 위해 부부는 본격적으로 움직이기 시작했다. 약 1년 동안 종로 주변의 수많은 집을 둘러보다 지금의 집을 선택한 것은 이미 마음 깊이 박혀버린 세 글자 '숲세권'이기 때문이었다. 1990년대 초반에 지어진 빌라는 공사할 곳이 눈에 많이 띄었지만 마음을 끄는 무언가가 있었다.

2018년 1월 드디어 꿈꾸던 숲세권 빌라 생활이 시작되었다. 오래 살 집이라고 생각하니 멋있게 꾸미고 싶은 욕심이 앞섰다. 하지만 오래 살아야 하기에 트렌디한 스타일보다는 질리지 않는 편안함을 선택했다.

부부를 닮은 집을 원했던 아내 하재경 씨는 인테리어 업체에 의뢰하지 않고 인테리어 일을 하셨던 아버지의 도움을 받아 직접 집을 꾸몄다.

"일을 배우면서 하다 보니 정신적으로나 체력적으로 힘들었어요. 하지만 이런 시간을 통해 많은 것을 느꼈고 아빠와 좋은 추억을 가지게 되었어요. 평생 기억할 집이 될 것 같아요."

아내 하재경 씨는 빈티지 소품 숍을 운영할 만큼 빈티지 스타일을 굉장히 좋아한다. 소품을 모으는 것이 오랜 취미였고, 해외 출장에서도 빈티지 숍은 필수 코스다. 여행을 다닐 때도 빈티지 숍에 맞춰 동선을 짤 정도다. 집 안 곳곳을 채운 멋스러운 빈티지 소품들은 노력의 산물이 아니라 즐기면서 얻은 보너스에 가깝다.

어떻게 인테리어를 할지 막막하거나 욕심이 앞서는 사람들에게 부부는 말한다. "대단한 무언가를, 완벽한 무언가를 하기보다 아주 작은 것부터 조금씩 바꿔보는 것이 좋아요. 작은 소품부터 하나씩 구입하고 바꿔나가다 보면 내가 어떤 취향을 가지고 있는지 알게 되거든요."

공간의 중심 ;
거실

Living Room

부부의 취향이 오롯이 반영된 거실

거실은 인테리어 공사를 하기 전에도 운치 있는 공간이었다. 여기에 부부의 개성을 녹이기 위해 벽난로를 철거하고 진한 컬러의 강마루를 깔았다. 또 섀시 전체를 철거하고 하얀색 페인트로 도장한 양개형 문을 설치했다. 몰딩과 문은 화이트, 벽면은 웜 그레이 컬러로 도장하고, 좋아하는 빈티지 소품들로 공간을 채웠다.

소품 하나도 신중하게 고르고 음미하는 하제경 · 히인준 부부가 가장 신경을 많이 쓰는 것이 액자라고 한다. 액자를 이용하면 공간을 갤러리처럼 꾸밀 수 있고, 늘 사용하던 액자도 어떻게 연출하느냐에 따라 전혀 다른 느낌으로 인테리어 효과를 누릴 수 있다. 거실 곳곳에 무심히 놓인 액자 하나에도 부부의 감각이 스며 있다.

물론 이들 부부가 남다른 감각을 타고났다거나 모래밭에서 단번에 보물을 찾아내는 능력을 지닌 것은 아니다. 탐나는 오늘의 '취향'을 얻기까지 '시행착오'라는 쓰디쓴 경험을 대가로 치렀다.

"유행에 맞춰 구입하면 나만의 감성이 느껴지지 않아요. 흔하지 않을 것, 의미 있을 것, 오래 소장하고 싶을 것, 3가지를 염두에 두고 액자를 고르죠. 예쁜 것보다 나다운 것이 좋은 것이라는 생각으로 경험을 쌓다 보면 누구나 자기만의 멋진 취향을 가지게 될 거예요."

부부가 액자만큼 사랑하는 것은 조명이다. 거실 곳곳에 조명이 놓여 있는데, 천장의 샹들리에부터 콘솔 위의 심플한 조명까지 모두 예전부터 모아두었던 빈티지 제품이다. 거실에는 이유 없이 공간을 차지하는 소품은 없다. 무심히 놓인 듯 보여도 의미가 있고, 화려한 것도 나름의 조화를 고려한 것이다. 어떤 것은 힘을 주고 어떤 것은 힘을 빼는 강약이 완벽하게 조절된 공간이어서일까. 부부의 거실은 클래식한 멋이 풍긴다.

● POINT 1

무심한 듯 눈길을 사로잡는 멋

하재경 씨가 좋아하는 월넛 컬러의 서랍장 위에 소품을 올려두었다.
액자를 벽에 거는 것도 좋지만, 부부는 무심한 듯 세워두는 것을 더
좋아한다. 액자와 소품들을 함께 두는 것만으로도 분위기 있는 공간
을 연출할 수 있다.

● POINT 2

천장마저 특별하게

거실 천장에는 너무 화려하지도, 그렇다고
밋밋하지도 않은 빈티지 킨켈데이(Kinkeldey)
샹들리에를 달았다.

● POINT 3

새 삶을 살게 된 디자인 책

마음에 드는 사이드 테이블을 아직 발견하지 못해서 임시방편으로
책을 쌓아 높이를 맞췄다. 디자인을 전공한 남편이 예전부터 모아온
디자인 서적을 쌓아놓으니 그럴듯한 인테리어 소품이 되었다.

● POINT 4

밋밋함이 여백의 미학이 되는 마법

손님 방 통로 벽에도 밋밋한 느낌이 들지 않도록 1930년대 제작된 에칭 판화 작품을 걸어두었다. 침실 문 옆에는 화려한 대리석 빈티지 선반을 놓고 덴마크의 앤틱 숍에서 산 촛대를 장식했다.

● POINT 5

소중한 물건과 사랑하는 물건의 밸런스

벽 한편에는 시어머니께서 주신 함을 쌓아두었다. 어머님이 직접 주문 제작하고, 그림까지 직접 그려 넣은 소중한 물건이다. 함을 쌓아 묵직하게 포인트를 주고 액자를 더했다. 하재경 씨는 작은 액자를 벽에 걸고 큰 액자를 바닥에 두면 밸런스가 좋다며 인테리어 팁을 전했다. 작은 액자는 프랑스의 예술 잡지 〈베르브(VERVE)〉의 1938년 판에 실린 엘리오그라뷔르(Heliogravure)로, 프레임은 마티카 우드에 조각을 하나하나 새겨 넣은 것이다. 큰 액자는 화려한 컬러와 무늬를 보고 첫눈에 반해 들여왔다.

● POINT 6

심플함과 화려함의 멋진 조화

소파 뒤로 선반 형태의 콘솔을 놓고 빈티지 조명과 거울로 포인트를 주었다. 심플한 디자인의 콘솔과 범상치 않은 소품들이 생각보다 멋진 조화를 이룬다.

Dining room: 다이닝룸

낯설지만 매력적인 다이닝룸

원래는 다이닝룸과 주방이 한 공간이었는데 아내 하재경 씨가 분리
하기로 결정했다. 가벽을 세우고 슬라이딩 도어를 설치하자 주방이
숨겨진 독특한 형태의 다이닝룸이 탄생했다. 한 공간이 서로 다른 공
간으로 분리되고, 또 다른 공간과 자연스럽게 연결되는 다이닝룸. 낯
설지만 매력적인 공간은 이렇게 완성되었다.

● **POINT 1**

온기를 담은 묵직한 느낌의 6인용 테이블

식탁은 다이닝룸의 분위기를 좌우하는 만큼 심사숙고해서 선택했다. 부부의 최종 선택을 받은 것은 월넛 컬러의 6인용 테이블. 묵직한 느낌의 식탁이 빈티지한 실내 인테리어와 잘 어울린다.

● **POINT 2**

갤러리에 온 듯한 공간

거실과 조화를 이루기 위해 빈티지한 조명과 액자 프레임, 거울 등으로 꾸몄다. 우측 벽은 덴마크에서 구입한 빈티지 벽시계로 포인트를 주었다. 거실에 맞춰 벽은 연한 웜 그레이 컬러, 몰딩과 문은 화이트 컬러를 칠했다.

TIP   갤러리를 닮은 집, 이렇게 꾸며보세요

갤러리 하면 가장 먼저 떠오르는 것이 벽에 걸린 그림이다. 갤러리 같은 집을 꾸밀 때 포인트는 역시 액자를 거는 방식에 있다. 페터스부르거 행웅(Petersburger Hängung)은 그림이나 사진을 벽면에 빽빽하게 거는 방식을 말한다. 용어는 낯설지만 인테리어 잡지에서 누구나 한 번쯤 본 적 있을 것이다. 러시아의 왕이 소장하는 예술품을 자랑하기 위해 액자를 걸었던 방식이라고 한다. 빽빽하게 거는 방식에 부담을 느낄 필요는 없다. 취향에 따라, 집 안 분위기에 따라 포스터와 작은 액자를 섞기도 하고, 앤틱한 디자인의 거울과 함께 연출해도 좋다. 똑같은 프레임보다는 크기, 디자인, 컬러가 조금씩 다른 것들을 섞으면 한층 더 유니크하게 연출할 수 있다.

Kitchen: 주방

숨김의 미학, 주방

다이닝룸의 슬라이딩 도어를 열면 숨겨진 주방이 등장한다. 주부 9단도 정리하기 쉽지 않은 주방, 이곳에서는 숨기는 지혜를 택했다. 주방 전체를 화이트 컬러로 통일해 청결하고 정돈된 느낌을 주었다. 주방 용품에서 생활 용품까지 거의 모든 것을 넣어둘 수 있는 수납장을 한쪽 벽면 전체에 설치했다. 심지어 냉장고와 후드도 숨겨놓았다. 이곳의 주방에는 숨김의 미학이 스며 있다.

● POINT 1

로망의 실현, 벽등

주방 벽면에 등을 설치하는 것은 아내 하재경 씨의 로망이었다. 창 너머에서 비치는 햇빛과 벽등만 있으면 형광등을 켜지 않아도 편안한 밝기가 연출된다.

● POINT 2

실용성을 고려한 타일

주방은 매일 청소해야 하는 공간이자 청소의 노력이 쉽게 사라지는 공간이다. 타일을 선택할 때는 '청소하기 쉬울 것'을 최우선으로 고려해 큰 사이즈로 결정했다.

Bedroom: 침실

비밀스럽고 화려한 공간

지극히 개인적인 공간인 침실은 다른 공간과 달리 대범한 인테리어를 시도했다. 진한 월넛 컬러의 강마루를 깔고, 섀시와 천장 몰딩을 철거했다. 창 중앙에는 픽스 유리, 양쪽에는 오르내리는 창을 달고, 화려한 벽지와 조명으로 마무리했다.

● **POINT 1**

강렬한 플라워 벽지

블랙 바탕에 브론즈, 아이보리, 카키, 그레이 컬러가 조합된 플라워 프린트의 수입 벽지로 도배했다. 너무 화려하지 않을까 고민했지만 실크 무지 커튼으로 화려함을 누그러뜨릴 수 있다고 판단해 과감하게 선택했다.

● POINT 2

고풍스러운 빈티지 조명

침대 위에 좌우 대칭으로 설치된 벽등은 1960년대 생산된 월 스콘스(Wall Sconce) 제품이다. 유리 볼의 심플한 디자인이 화려한 벽지와 만나 고풍스러운 왕실 분위기를 연출한다.

● POINT 3

활용도와 인테리어 둘 다 만족

침대 옆 트롤리 선반도 1960년대 생산된 빈티지 제품으로 할리우드 리전시(Hollywood Regency) 스타일이다. 화장대 겸 소품을 올려두는 선반으로 사용하고 있어 인테리어 효과뿐 아니라 활용도가 높다.

Study room: 서재

서재의 정체는 사무실

운영 중인 빈티지 숍의 사무실로 쓰이는 서재는 테이블 하나와 국내
외에서 수집한 소품들로 채워져 있다. 서재 공간의 대부분을 차지하
는 테이블은 남편 허인준 씨가 결혼 전부터 가지고 있던 것으로 조명
과 일체형이다. 가구 디자이너와 조명 디자이너가 함께 만들어서 더
특별한 가치가 있다.

Entrance: 현관

컬러로 포인트를 준 중문

기존에 없던 중문을 새로 설치하기로 결정했다. 원래 있던 신발장은 원목 느낌과 몰딩 디테일을 살리기 위해 페인트칠을 하고 손잡이만 바꾸는 정도로 리폼했다. 중문은 포인트를 줄 수 있는 빈티지그레이로 선택했다.

● POINT 1

분위기를 더하는 벽등
1960년대 생산된 벽등을 설치해 현관에 빈티지 분위기를 더했다.

Bathroom: 욕실

디자인과 실용성을 모두 잡은 타일

욕실도 주방처럼 청소가 일상인 공간이기에 사이즈가 큰 타일로 시공했다. 큰 사이즈 덕분에 시원하고 세련된 느낌의 욕실이 완성되었다.

3대가 따로 또 함께

'따로家치'를 완성하다

196㎡ ↔ 59평

오종현·김희숙 부부와 세 아이,
어머니가 함께 사는 광교 단독주택

평범한 일상에 불쑥 찾아온 뇌종양은 남편 오종현 씨의
삶의 태도를 180도 바꿔놓았다. 가족과 함께하는 시간
의 소중함을 다시금 깨닫게 되었고, 하고 싶은 것을 미
루지 않는 실천력도 생겼다. 그의 삶의 태도가 고스란
히 스며든 단독주택. 꽉 찬 따스함에 참신함이 곁들인
3대의 공간을 들여다본다.

STORY

가족 모두 만족하는
집을 짓다

오종현·김희숙 부부는 단독주택을 짓기 전까지 아파트에 살았다. 아파트 앞에 있는 단독주택들을 보면서 종종 "아이들과 저런 곳에서 살고 싶다"고 생각했던 터라 어떤 집을 지을까에 대한 고민의 시간은 짧았다. 우연한 기회에 광교 단독주택 단지를 보러 갔는데, 마음이 먼저 이곳에 자리 잡고 말았다. 집을 짓는 데는 4개월 남짓 걸렸다. 7월에 공사가 시작되어 장마를 걱정했지만 원활히 진행되었고, 목조주택이라 시간도 오래 걸리지 않았다.

집 설계가 가장 큰 미션이었다. 인생의 첫 집짓기였던 데다 부지와 돈도 한정되어 있었지만 욕심은 한도 끝도 없이 커졌다. 홀어머니와 아내, 운동을 좋아하는 큰아들과 책을 좋아하는 작은아들, 귀여운 막내딸까지, 6명의 가족 모두 만족하는 집을 짓고 싶었다. 가족들은 시간 날 때마다 머리를 맞대고 무엇을 원하는지 이야기를 나눴고, 집을 지어준 재귀당 건축사무소와도 오랜 시간 회의를 했다. 그렇게 3대가 따로 또 함께 어우러져 살 수 있는 집, '따로家치'가 완성되었다.

80평 부지에 50퍼센트 용적률, 듀플렉스로 짓다 보니 옆집은 바닥 면적이 15평, 따로家치는 24평 정도의 공간이다. "몇 층이에요?"라고 물으면 2층이다, 3층이다, 6층이다, 가족마다 의견이 다르다. 그 이유는 바닥을 반 층씩 어긋나게 만들어 1층을 2층으로 나누는 스킵플로어(skip floor) 방식으로 지어졌기 때문이다. 밖에서는 3층으로 보이지만, 집 안에서는 6층이 되는 마법을 통해 3대가 불편함 없이 지내고 있다. 아래층은 어머니, 중간층은 부부, 위층은 아이들 공간이다.

1층에는 주방과 어머니 방이 있다. 현관을 들어서면 맨 먼저 보이는 넓은 주방은 가족들이 무엇이든 함께할 수 있는 공간으로 꾸며 거실보다 인기가 좋다. 천장이 높고 동선을 최소화한 어머니 방은 어머니의 바람대로 조용하지만 저녁이 되면 손주들로 북적인다.

2층은 가족 개개인의 개성이 담긴 공간이다. 침대 하나와 옷장이 전부인 심플한 부부 방이 있고, 그 옆에는 반신욕을 즐기는 오종현 씨를 위한 히노키 욕조가 놓인

욕실이 있다. 또한 딸의 특권으로 쟁취한 막내딸의 방과 형제의 방이 있다. 형제 방에는 또 다른 공간으로 이어지는 계단이 있다. 사춘기에 접어들 큰아들을 위한 배려다. 이곳에서 예상치 못한 위트가 등장한다. 큰아들 방과 이어진 다락의 미끄럼틀인데, 방문객의 필수 체험 코스로 불릴 만큼 인기다.

다락에는 오종현 씨만의 공간이 있다. 머물 사람을 생각하고 만든 공간은 저마다 방 주인의 모습을 띠고 있다. 창을 통해 깊숙이 들어온 햇살 때문인지, 집에 대한 애정 때문인지, 따스한 기운이 가득 느껴지는 따로家치. 아이들과 숨바꼭질을 하고, 어머니와 아내와 세상 이야기를 나누는 매 순간이 행복하다는 오종현 씨. 3대가 머리를 맞대고 하나하나 지은 것은 공간이라는 이름을 가진 행복이라는 생각이 든다.

공간의 중심;
주방

Kitchen

행복의 맛이 깊어지는, 우리 집 비장의 무기

가족이 함께 많은 시간을 보내는 곳으로 만들고자 했던 만큼 현관을 들어서면 맨 먼저 만나게 되는 곳이 주방이다. 주방은 화이트와 블랙으로 넓어 보이는 효과를 주고, 원목과 초록 식물로 따스한 느낌을 더했다. 햇살이 깊숙이 들어오도록 창을 내고, 정원까지 이어지는 데크를 설치해 아늑하면서도 자연과 연결되어 탁 트인 느낌이 든다.

어느 집이든 물건이 가장 많이 쌓인 곳이 주방인데, 오랜 시간을 보내는 곳이다 보니 수납공간 확보는 선택이 아닌 필수였다. 현관과 주방 곳곳은 물론 2층으로 올라가는 계단 밑에도 수납공간을 만들어 깔끔한 주방을 완성했다.

밥을 먹는 시간 외에는 잠든 공간이기 일쑤인 주방이지만, 3대가 사는 이곳의 주방은 하루 종일 깨어 있다. 온 가족이 모여 밥을 먹는 것은 물론, 책도 읽고, 게임도 하며 거실처럼 사용한다. 싱크볼 앞으로 난 창 너머로 아이들의 웃음소리가 들리고, 놀이터에서 놀다 지친 아이들이 간식을 받아 가며, 사계절의 기운이 넘나들고, 자연의 소리가 귀를 즐겁게 하니 주방에서 요리나 설거지를 하는 일도 지루하거나 힘들지 않다. 아파트에 살았다면 결코 누릴 수 없는 단독주택만의 행복을 제대로 느낄 수 있는 주방. 부부가 이 집의 비장의 무기로 주방을 꼽은 이유를 알 것 같다. 따로 또 같이, 온 가족의 시간이 맛있게 요리되는 주방에서 행복의 맛이 더 깊고 풍성해지기를 바란다.

● **POINT 1**

주부들의 로망, 대면형 주방

가능한 모든 곳에 수납장을 만들고 식기세척기와 음식물 처리기, 직수 정수기를 설치했다. 4미터에 이르는 아일랜드 식탁은 중간을 오픈하고 의자를 놓아 개인 식사에 이용한다.

● POINT 2

활용도가 높은 목조 식탁

6인용 목조 식탁은 티크 식탁 제품이다. 무게감 있게 주방에 자리한 이 식탁은 아이들이 숙제
를 하거나 책을 읽을 때뿐 아니라 탁구대로 활용되기도 한다.

● POINT 3

조명으로 활용하는 후드

후드는 해외 직구로 구입했는데, 환기가 잘
되어 자주 사용하지는 않는다. 밤에는 후드
를 조명으로 활용한다.

● POINT 4

장점만 가득한 바닥 타일

주방 바닥은 블랙 타일로 꾸몄다. 겨울에는 온돌의 따뜻함을 오래 간직하고, 여름에는 시원하
며, 무엇보다 청소가 편리하다는 것이 가장 큰 장점이다.

● POINT 5

답답함이 사라진 주방

예전에 살던 아파트는 주방이 벽을 보고 있어 몹시 답답했다. 그래서 새로 짓는 집에는 그 점을 가장 고심했다. 주방 창은 폴딩 도어로 개방감을 주었고, 싱크볼은 놀이터를 향하게 해서 설거지를 하거나 밥을 준비하는 동안 아이들의 모습을 볼 수 있다. 폴딩 도어 바깥에는 보조 테이블을 두어 아이들이 놀다가 간식을 먹거나 음료수를 마실 수 있다.

● POINT 6

안전하고 멋진 계단

2층으로 오르는 계단은 평수에 비해 넓고 깊게 만들고, 하얀 철제 봉 손잡이도 만들었다. 가족의 안전을 생각하는 마음에 약간의 디자인 센스가 더해져 멋진 계단이 탄생했다.

● POINT 7

냄새 나는 요리 전용 보조 주방

불을 쓰는 요리를 할 때 이용하는 보조 주방이다. 문을 닫아놓으면 냄새가 집 안으로 들어오지 않는다.

Terrace: 테라스

단독주택만의 호사, 천장 없는 거실

주방에서 바로 이어진 또 하나의 거실은 하늘이 천장이요, 초록 잔디가 바닥이요, 그림 같은 풍경이 벽이다. 데크와 잔디를 반씩 설치해, 데크에서는 커피도 마시고 고기도 구워 먹는다. 손님이 오면 15명 정도 함께 식사할 수 있어 사랑방 역할을 톡톡히 한다. 잔디에는 장독대도 놓고, 토마토와 딸기도 심어 단독주택만의 호사를 누리고 있다. 데크 바닥은 직접 칠했다. 요령이 부족해 여러 번 급하게 칠하는 바람에 살짝 들떠 있지만 다행히 큰 이상은 없다. 데크에 설치한 스카이 어닝 (sky awning) 덕분에 비 오는 날의 운치도 즐길 수 있다.

Bedroom: 침실

사람의 온기와 자연이 채우는 공간

물건들로 꽉 들어찬 공간에는 사람의 마음이 들어설 자리가 없다. 침대와 붙박이장이 전부인 어머니 방과 부부 침실에서 횡한 느낌을 찾을 수 없는 것은 나머지 공간을 사람과 자연이 채우고 있어서가 아닐까. 새하얀 벽에 낸 작은 창으로 보이는 바깥 풍경은 마치 그림 액자를 걸어놓은 것처럼 멋진 인테리어 요소가 된다.

● POINT 1

창 너머 계절을 느끼는 부부 침실

1.5층에 위치한 부부 침실은 3평 남짓 꽤 좁은 공간이다. 잠만 자는 곳이다 보니 애초에 넓을 이유가 없었다. 서랍장 형태의 붙박이장을 만들고, 화장대도 붙박이장 안으로 넣었다. 부부 침실의 최대 장점은 창이다. 이 창을 통해 계절의 변화를 오롯이 느낄 수 있고, 커튼 대신 블라인드를 설치해 관리의 불편함도 없다.

● POINT 2

머무는 사람을 고려한 어머니 방

어머니는 따뜻하고 조용한 방을 원하셨다. 소음에 민감하고, 다리가 불편한 어머니를 위해 현관–방–욕실로 이어지는 동선을 최소화해 위치를 잡았다. 붙박이장과 침대, 꼭 필요한 가구들로 심플하게 꾸민 어머니 방은 저녁마다 손주들이 모여 온기를 채운다.

Bathroom: 욕실

족욕과 반신욕을 즐기는 힐링 공간, 욕실

부부 침실 옆에 위치한 욕실에는 족욕과 반신욕을 좋아하는 남편을 위해 히노키 욕조를 설치했다. 따뜻한 물을 채우면 나무 향기가 가득한 이곳을 작은아들이 더 좋아한다. 히노키 욕조와 어울리는 타일을 찾는 것이 고난도의 숙제였다. 차가운 컬러의 타일을 선택했지만, 원목으로 욕실 곳곳에 포인트를 주는 묘수를 통해 차가운 느낌을 중화할 수 있었다.

● POINT 1

가족 모두의 인기 공간, 따로벅스

가족들에게 '따로벅스'로 불리는 곳. 1층에서 식사하고 이곳에
올라와 커피를 한잔하는 것이 코스다. 노트북으로 간단한 업무
를 처리하기에도 안성맞춤인 공간이다. 1.5미터 높이의 유리 난
간을 설치해 안전하게 이용할 수 있다.

Living room: 2층 거실

쉼을 위한 봄 같은 공간

부부의 침실과 히노키 욕조가 있는 욕실에서 반 계단만 올라가면 큰 창을 통해 따스한 햇살이 비쳐 드는 공간을 만날 수 있다. 심플한 디자인의 가구가 무심함이 아닌 배려로 느껴지는 곳, 함께는 물론 혼자여도 좋은 2층은 사계절 내내 봄 같은 공간이다.

● POINT 3

필요한 것만 딱! 아이들 전용 욕실

2층에 위치한 아이들 욕실은 깨끗한 느낌의 타일로 시공했다. 협소한 공간을 고려해 손만 씻을 수 있는 작은 세면대를 설치했다.

● POINT 2

아이들을 위한 간이 주방

2층에 간이 주방을 설치한 이유는 아이들 때문이다. 아이들이 컵과 그릇을 바로 씻고, 간단한 음료를 마실 수 있도록 작은 냉장고와 싱크대까지 설치했다. 수납장도 두어 청소 용품을 보관한다.

● POINT 4

책과 친해지도록 돕는 책장

처음에는 큰 붙박이 책장을 계획했지만 아무래도 답답할 것 같았다. 철제 책장도 생각해 봤지만 설치가 까다로워 지금의 가판대 형태를 선택하게 되었다. 책 표지가 보이므로 수시로 도서관에서 책을 빌려와 전시하는 것을 아이들이 더 좋아한다.

Kid room: 아이 방

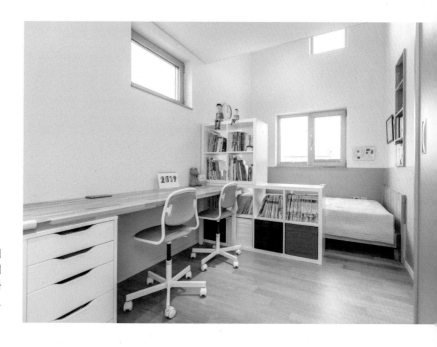

● POINT 1

따로 또 같이 쓰는 형제의 방

2층에 위치한 형제의 방. 복층 구조의 방에
는 큰아들의 독립적인 공간으로 연결된 계
단이 있다. 계단 밑에는 작은아들의 침대와
수납장. 형제가 함께 공부하는 책상이 있고,
계단 위에는 큰아들이 잠자는 공간이 있다.

● POINT 2

막내딸의 특권, 혼자 쓰는 공주 방

성별이 다른 덕에 막내딸은 혼자만의 방을
선물받았다. 오빠들과 싸우거나 엄마, 아빠
에게 삐치면 방문을 닫고 혼자 씩씩대는데,
문밖으로 새어 나오는 그 소리에 절로 웃음
이 나온다.

Study room: 서재

● POINT 1

낭만을 만끽할 수 있는 다락

큰아들 방에서 짧은 계단을 오르면 등장하는 다락. 스킵플로어 설계로 높아진 다락의 천장에 창을 내어, 눈, 비, 별 등을 보며 계절과 시간을 느낄 수 있는 낭만적인 공간이 완성되었다.

● POINT 2

아빠를 위한 전용 공간, 서재

서재는 오롯이 아빠만의 3평 공간이다. 이곳은 필요에 따라 집필실, 홈오피스, 침실, 음악 감상실이 된다. '집중 중'이라는 신호로 방문이 닫히면 가족들은 아빠만의 시간을 존중해 준다.

● POINT 3

어른을 어린이로 만드는 원목 미끄럼틀

방문객들의 필수 체험 코스인 원목 미끄럼틀. 시공사 맑은주택에서 특별 제작한 것으로, 아이들은 물론 어른들도 잠시 어린아이로 돌아가 무장 해제된 웃음을 쏟아낸다.

바다가 보이는 집에 삽니다

 323㎡ ↔ 98평

배재형·김은지 부부와 아들 우주,
웰시코기 런던이 함께 사는 빌라

고등학생 때 막연하게 '바다가 보이는 집에서 그림을
그리며 살고 싶다'는 생각을 했던 김은지 씨. 그녀는 지
금 바다가 내려다보이는 집에서 남편과 아들, 웰시코기
와 함께 살고 있다. 매일 밤 조명이 켜진 바다를 내려다
보고, 토요일 밤에는 창밖으로 유람선의 불꽃놀이를 감
상할 수 있는 집. 꿈같은 일상을 만들어준 소중한 집인
만큼 마음을 다해 꾸미고 있다.

STORY

인테리어는 여전히 진행 중

두 살짜리 아들, 네 살 된 웰시코기와 함께 사는 부부의 집은 바다가 보이는 복층 빌라다. 부부는 해운대로 이사하기로 결심하면서 광안대교가 보이는 주상복합이나 아파트를 알아보려고 했다. 하지만 예산과 전망, 구조를 모두 만족하는 집을 찾을 수 없었다.

"우연한 기회에 달맞이길에 위치한 빌라를 보게 되었어요. 느낌이 좋아서 그 뒤로는 빌라 위주로 찾아봤는데 점점 전망에 대한 욕심이 커져만 갔죠. 바로 그때 전망도 좋고 복층에 테라스까지 있는 지금의 집을 만난 거예요."

부부는 이 집을 처음 봤을 때 최소한 10년은 살고 싶다는 생각이 들었다. 1층에는 방 2개와 욕실 2개가 있고, 2층에는 방 4개와 욕실 1개, 야외 테라스가 있다. 방도 많고 공간도 넓어서 한 번에 바꾸기보다 취향에 맞춰 천천히 꾸며나가고 싶었다. 이사를 온 지 3년 정도 지났지만 지금까지도 때로는 숙제처럼 때로는 취미처럼 조금씩 공간에 변화를 주고 있다.

"지금까지 총 두 번의 부분 공사와 소소한 셀프 인테리어를 시도했어요. 이사 오기 전에 벽난로 철거, 목공사, 지붕 수리, 거실 벽 페인트 등 기본적인 틀을 잡는 공사를 했고, 살면서 주방과 침실 욕실, 침실 벽 페인트, 거실 가벽등 부분 공사를 했어요. 아직도 구석구석 손길이 필요한 공간이 많아서 아마도 이 집에 사는 동안은 끝없이 인테리어를 할 것 같아요."

가족이 함께하는 공간인 만큼 집에 대한 애정이 큰 부부는 인터넷, 잡지, 리빙 페어 등을 모두 찾아볼 만큼 집 꾸미기에 열정적이다. 예쁜 공간에서 예쁜 것을 보다 보면 행복해진다는 부부. 가족의 행복을 위해 집을 꾸민 지 3년이 되었다. 부부의 손에서 다시 태어난, 30여 년 된 오래된 빌라의 대변신을 만나보자.

공간의 중심;
주방

Kitchen

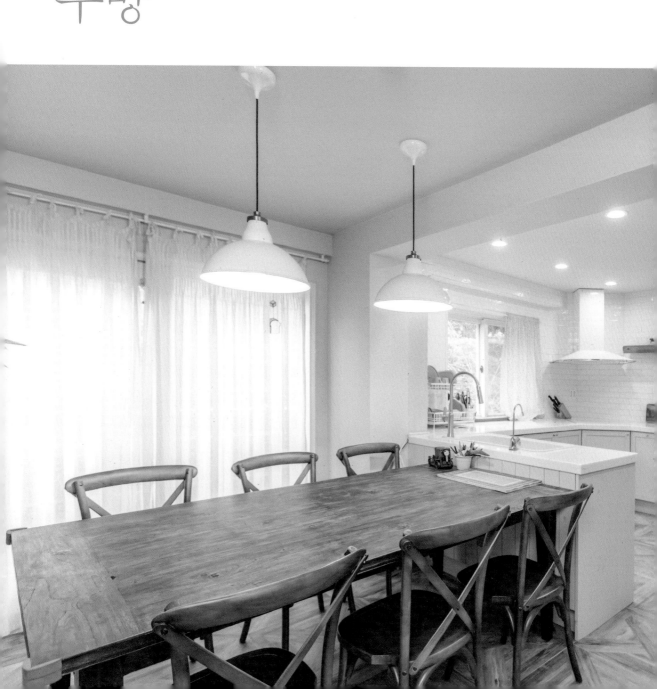

모두의 로망인 넓은 주방을 소유하다

거실에서는 바다가 보이고 주방에서는 숲처럼 푸릇푸릇한 풍경이 보인다. 주방과 방 사이에 세워둔 가벽을 없애고 온전히 주방으로 사용하니 공간이 매우 넓다. 'ㄷ' 자형 싱크대와 2미터나 되는 6인용 식탁을 두고 모든 여자들의 로망인 넓은 주방을 만끽하고 있다.

싱크대 상부장을 없애고, 전체적으로 화이트 컬러의 타일을 붙였다. 싱크대와 가스레인지의 위치를 바꾸고, 코너에 후드와 인덕션도 설치했다. 창문 쪽에 있던 싱크대는 식탁과 마주하는 자리로 옮겼는데, 그 덕에 설거지할 때도 가족과 이야기를 나눌 수 있어서 좋다. 큰 팬트리와 넓은 주방 덕분에 선반은 수납 담당에서 분위기 담당으로 직무가 바뀌었다.

주방 한쪽에는 신혼 때 왼손으로 그린 그림을 걸어두었다. 상부장을 철거하고 나니 벽에 그림도 걸고, 철제 선반도 놓을 수 있어서 좋다. 싱크대 옆 숨겨진 기둥에는 컵과 자주 쓰는 그릇을 수납할 수 있는 선반을 달았다. 맞은편 냉장고 뒤에는 포켓도어가 있는데, 오래되고 지저분해 보이는 유리문을 브라운 컬러의 칠판 페인트로 칠해 멋스럽게 바꿨다.

문 너머에는 냉장고와 김치냉장고, 세탁기가 있다. 주방 리모델링을 하면서 바닥은 나무 느낌이 나는 타일로 교체했다. 싱크가 막혀 물난리를 몇 번 겪은 적이 있는데, 그 경험에 비춰보면 주방 바닥은 아무래도 타일이 안전할 것 같았다. 안전 때문에 선택한 타일이지만 식탁이나 선반, 싱크대하고 조화롭게 어울려 옳은 선택이라고 생각된다.

● POINT 1

2미터짜리 묵직한 식탁

2미터가 넘는 식탁은 전에 살던 사람이 쓰던 것이다. 주방이 워낙 커서 공간에 맞는 큰 식탁을 구하기도 어렵고 버리기도 아까워 리폼해서 사용하고 있다. 바니시가 두껍게 칠해져 있었고 짙은 체리색에 가까워서 원하는 느낌이 날 때까지 하루 종일 사포질을 했다. 식탁 의자는 최근에 바꿨는데 가성비가 좋아서 만족스럽다. 시간을 두고 마음에 드는 앤틱 의자를 하나씩 모아서 다시 교체할 예정이다.

● POINT 2

모던한 조명

화이트 법랑 셰이드 2개를 나란히 설치해 주방에 매니시한 느낌을 더했다.

● POINT 3

세련되고 심플한 싱크대

차분한 컬러의 원목 싱크대와 우드 패턴의 바닥 타일, 자연스러운 입체감이 느껴지는 화이트 브릭 타일, 간접조명을 넣은 선반, 창고 문까지, 어느 하나 튀는 것 없이 전체적인 조화가 아름답다. 화이트 컬러의 인조 대리석 상판에 아이보리 컬러의 법랑 싱크볼을 더하고, 하부장에는 주문 제작한 황동 골드 손잡이를 달아 모던하고 심플한 싱크대를 완성했다.

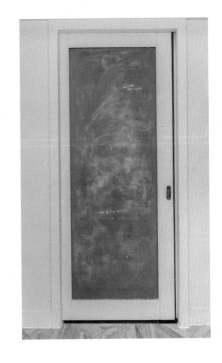

● POINT 4

쓰고 지우고, 재미있는 칠판 문

냉장고와 세탁기가 있는 공간이다. 유리문에 젯소를 바르고 칠판 페인트를 칠해 근사하고 재미있는 문이 탄생했다.

Living room: 거실

바다가 한눈에 들어오는 거실

현관에 들어서서 왼편을 바라보면 벽난로와 바다가 보인다. 거실이 넓고 깊은 구조여서 여름에는 냉방, 겨울에는 난방 문제가 있고, 가구를 놓기도 애매해서 가벽을 세워 공간을 나눴다. 현관에서 들어오면 곧바로 바다를 볼 수 있도록 창을 냈다. 창은 철재로, 아랫부분은 목재로 공사를 했다.

● POINT 1

우리 집 분위기 담당, 벽난로

처음에는 움푹 패어 있던 벽난로 앞을 메우고 타일로 채워서 평평하게 맞췄다. 벽난로 특유의 운치가 있지만 관리하기 쉽지 않아 전기 벽난로로 교체했다. 장작 모형 불빛과 히터 기능이 있어서 가끔 분위기를 내고 싶을 때 사용한다.

● POINT 2

친정아버지의 작품

TV장 옆에 놓인 작은 오디오장은 시부모님이 쓰시던 LP 전축에 맞춰 친정아버지가 직접 만들어주셨다.

Bedroom: 침실

편안한 느낌이 감도는 침실

우드 컬러의 바닥과 베이지 컬러의 벽이 공간을 감싸고, 약간의 햇빛이 스며들어 전체적으로 아늑한 분위기를 풍기는 침실. 너무 어둡거나 단조롭지 않도록 침대 쪽 벽면만 베이지 톤으로 페인트칠을 하고, 나머지는 거실과 동일한 화이트 컬러로 맞췄다. 침대 옆의 옷장은 이사 올 때부터 있던 것인데, 어떻게 리폼하면 좋을지 아직 답을 내리지 못해 일단 그대로 두었다.

● POINT 1

주인을 기다리는 아기 침대

아이가 아직 어려서 부부와 함께 잔다. 혼자 자는 것을 싫어해서 아기 침대는 늘 비어 있지만, 언젠가 태어날 둘째를 위해 그냥 두었다.

 POINT 2

쓰임과 취향에 맞게 선택한 커튼

수입 리넨 커튼과 거즈 속커튼으로 되어 있다. 벽이나 가구를 좋아하는 블루 컬러로 칠하는 것은 너무 큰 모험인 것 같아서 쉽게 바꿀 수 있는 커튼을 블루로 선택했다. 침실에서 바라보는 전망이 너무 좋지만 거의 커튼을 치고 생활하는 편이어서 적당히 햇빛이 들어오는 소재를 선택했다. 낮에는 햇빛이 알맞게 들어오고, 저녁에는 바깥 풍경이 예쁜 실루엣으로 펼쳐져 마음에 쏙 든다.

 POINT 3

서랍장과 거울

결혼할 때 구입한 서랍장에 세트처럼 잘 어울릴 것 같아서 친정에 있던 거울을 가져왔다. 신혼 때 구입한 1인용 암체어는 집 분위기와 어울리지 않아 패브릭을 덮어서 사용하고 있다.

● **POINT 4**

안식과 행복을 주는 공간

중문을 들어서면 안방 입구에 놓인 빈티지 서랍장을 마주하게 된다. 서랍장 위에는 종교 관련 소품과 초를 올려두었다. 천장의 등도 빈티지 제품으로 가장 좋아하는 밀크글라스 펜던트 조명이다.

Bathroom: 욕실

모험 정신으로 완성한 개성 만점 욕실

가정집 욕실로는 굉장히 넓은 편이지만 구식 디자인의 욕조 위치와 크기가 썩 마음에 들지 않았다. 욕실 리모델링을 결심하고 타일을 선택하는 데 정말 많은 고민을 했다. 수많은 타일 중에 체크무늬에 반해서 모험을 해보기로 했다. 리모델링을 하던 시기에는 체크 타일로 시공한 사례를 찾아볼 수 없어서 '모험'이라는 단어가 딱 맞는 표현이었다. 개성 있는 욕실 바닥 타일을 고려해서 벽은 밋밋하지도 튀지도 않는 화이트 컬러의 헤링본 타일을 선택했다. 과감한 모험의 결과는 대성공! 생각보다 훨씬 더 예쁘게 완성되어 볼 때마다 만족스럽다.

● POINT 1

싱그럽게, 유용하게!

사다리를 놓아둔 곳에는 원래 알로카시아나
와 싱그러운 식물들이 있었는데, 자꾸 시들
어서 비교적 관리하기 쉬운 행잉 식물로 교
체했다. 낮은 스툴은 아이를 씻길 때 매우
유용한 아이템이다.

● POINT 2

포인트 컬러는 골드!

세면 수전, 욕조 수전과 샤워기, 면도경까지 모두 골드 컬러로 통일했다. 지금은 구하기 쉽지만
욕실 공사를 할 때만 해도 열심히 발품을 팔아야 할 만큼 특별한 아이템이었다.

● POINT 3

고재로 맞춘 특별한 세면장

세면장은 고재로 맞춤 제작을 했다. 해외 자료를 보면서 고민한 끝에 오픈장을 의뢰했다. 생각
대로 예쁘게 만들어져 매우 만족한다. 세면장 위의 원형 거울은 친정아버지가 만들어주신 귀
한 작품이다.

● POINT 4

공간에 딱 맞는 수납장

욕실 오른쪽 공간은 붙박이장을 떼어내고
맞춤 수납장을 두어 화장대로 쓰고 있다.

Terrace: 테라스

일상을 특별하게 만드는 테라스

지금의 집을 선택한 이유 중 하나인 테라스. 한쪽에 있던 화단을 없애니 더 넓고 유용한 공간이 탄생했다. 대리석 난간을 화이트 컬러로 칠하고, 동백나무 두 그루를 심어 운치를 더했다. 아이가 태어나기 전에 율마도 키우고 바비큐 파티를 열고, 테라스의 절반 이상을 차지하는 풀장을 설치해서 여름을 즐기기도 했다. 테라스의 작은 테이블에 캔들이나 랜턴을 놓고 불을 밝히면 색다른 밤을 느낄 수 있다. 예쁜 야외 가구들을 들이기 전이라 지금은 미완성 상태지만, 앞에 펼쳐진 바다가 여백을 훌륭히 메워준다.

Guestroom: 손님방

2층에 자리한 아늑한 게스트룸

유명 관광지이기도 하다 보니 부산으로 놀러 오는 지인들이 많은 편
이다. 집에서 가장 작은 방은 때때로 타지에서 오는 손님을 맞이하는
게스트룸으로 꾸몄다. 머무는 손님들이 부산의 분위기를 한껏 느끼기
를 바라며 바다 느낌이 나는 소품을 놓았다. 게스트룸 한쪽에는 남편
이 사용하던 콘솔을 리폼해서 두었다. 2층에 독립된 방이어서 더 아
늑하고 편하게 머물 수 있다.

Kid room: 아이 방

아기자기한 아이 놀이방

2층에서 가장 길쭉한 방은 아이의 놀이방으로 사용 중이다. 대부분의 시간을 1층에서 보내지만 볼풀장에서 놀고 싶거나 색다른 기분을 내고 싶을 때면 이곳에서 시간을 보낸다. 아직 아이 가구는 별로 없지만 아이 방의 느낌이 나도록 아기자기한 컬러를 썼다. 주방에 설치하려고 사두었던 자바라 조명을 벽에 설치하니 공간이 조금 더 특별해진 것 같다.

Dressing room: 드레스룸

수납에 집중한 심플한 드레스룸

이사를 오면서 안방에 있던 붙박이장을 드레스룸으로 옮기고 최근에
문을 교체했다. 손잡이는 마음에 드는 것을 따로 사서 바꿨다. 붙박이
장 맞은편에는 철제 오픈형 행거를, 그 옆에는 방 사이즈에 맞게 맞춤
제작한 서랍장을 두었다.

Entrance: 현관

하얗게 변신한 중문

중문이 너무 휑해 보여서 아랫부분을 막았다. 진
한 컬러였던 중문을 집의 전체 컬러에 맞춰 화이
트 컬러로 리폼하고, 웨인스코팅 몰딩과 공예용으
로 나오는 아주 얇은 나무 띠를 둘러 페인트칠을
했다. 손잡이는 해외 직구로 산 것이다.

INTERIOR STYLE
INDEX

내추럴 인테리어

@mmmmminimo
김주태 · 황민주 부부

P.018

↘ 따스함이 느껴지는 집이네요.
↘ 액자 인테리어 정보를 알 수 있을까요?
↘ 소품 하나하나 정성이 들어간 것 같아요.

@shohokuu
전준범 · 유지은 부부

P.064

↘ 너무 깔끔하고 이뻐요.
↘ 휴양지 같은 곳이네요.
↘ 사진 찍고 싶어지는 공간입니다.

@tiamo_doha
이지원 · 박종태 부부

P.078

↘ 우와~ 너무 따뜻한 분위기네요~
↘ 너무 따뜻해 보이고 좋아요.
↘ 가만히 앉아만 있어도 힐링될 것 같아요.

@gowunk
김고운 · 김성길 부부

P.104

↘ 인테리어가 너무 제 취향이네요.
↘ 아늑하고 예쁜 집이네요.
↘ 느낌 포근포근 너무 좋네요.

@sun172737(더여자이야기)

P.142

↘ 느낌 있는 집
↘ 집이 차분해요.
↘ 차 한잔이 어울리는 집

@siwani.mom
유정은 · 윤정환 부부

P.238

↘ 저희 집 주방도 이랬으면 좋겠어요.
↘ 다 따라 하고 싶네요.
↘ 요리하고 싶어지는 주방이네요.

@be__happyhappy
성낙길 · 한효연 부부

♡ ○   P.252
ㄴ 정말 포근한 침실이네요
ㄴ 잡지인 줄… 대박이야 반했어!
ㄴ 이런 침실이라면 불면증도 해소되겠어요.

@aaahn_9697
김진환 · 안지현 부부

♡ ○   P.294
ㄴ 모델하우스 저리 가라인데요?
ㄴ 이런 집이면 하루 종일 집 안에만 있으래두
   좋겠어유~ 오늘따라 더 따스해 보여 좋음!

@ddaro_gachi
오종현 · 김희숙 부부

♡ ○   P.324
ㄴ 꿈에 그리던 집입니다.
ㄴ 카페에 가지 않아도 좋을 것 같아요.
ㄴ 제가 꿈꾸던 주방이 여기 있었네요.

@lindjk23
배재형 · 김은지 부부

♡ ○   P.340
ㄴ 제가 꿈꾸는 거실이에요~ 멋진 집 부러워요!
ㄴ 우와, 지중해에 있는 집 같아요.
ㄴ 바다가 보이는 집이라니, 부럽습니다.

빈티지 인테리어

@vtg_collective
하재경 · 허인준 부부

♡ ○   P.308
ㄴ 언제 봐도 예쁜 집
ㄴ 우왕~ 잡지의 한 컷 같아요. 완전 반함.
ㄴ 집이 작품 같아요.

포인트 컬러 인테리어

@yeoeunp
이정일 · 박여은 부부

♡ ○   P.092
ㄴ 완죠니 카페넴~
ㄴ 마블 식탁이 너무 예뻐요.

@zzini_w
김형준 · 원효진 부부

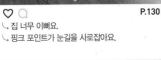

♡ ○   P.130
ㄴ 집 너무 이뻐요.
ㄴ 핑크 포인트가 눈길을 사로잡아요.

@ray.pk
김대훈 · 박새봄 부부

♡ ○   P.182
ㄴ 감각 있는 인테리어에 박수를 보내드려요.
ㄴ 핑크핑크~ 러블리 컬러~ 너무 예뻐용.
ㄴ 진짜 너무 예쁜 홈

@s_r_mom
김유은 · 이지훈 부부

♡ ○   P.196
ㄴ 청량감이 느껴지는 집이네요.

@jenisshome
정두환 · 강재은 부부

P.034

↘ 달달한 핑크빛 집
↘ 러블리 인테리어에 정말 예뻐요!
↘ 내가 집을 꾸미면 이런 느낌으로 꾸미고 싶다.

@hwangji_h
유형국 · 황지현 부부

P.048

↘ 언제 봐도 예쁜 스윗홈이네요.
↘ 집이 너무 깔끔하고 이뻐요.

@karuselli_
이윤아 · 김민구 부부

P.154

↘ 집이 스튜디오 같아요.
↘ 넘 깔끔하고 힐링되는 느낌이에요.
↘ 저도 이렇게 살고 싶네요.

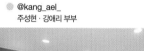
@kang_ael_
주성현 · 강애리 부부

P.166

↘ 우리 집도 이랬음 좋겠다.
↘ 카페보다 이쁜 하우스
↘ 감각이 엿보이는 깔끔한 인테리어네요.

@yuhee0828
윤택일 · 김유희 부부

P.208

↘ 완벽하고 깔끔해.
↘ 심플하고 세련된 집
↘ 군더더기 하나 없는 집이네요.

https://blog.naver.com/designcoff
조성은 · 진화영 부부

P.222

↘ 고민한 흔적이 느껴지는 멋진 인테리어네요.
↘ 감탄하고 있어요.
↘ 거실 전면 인테리어가 참 맘에 드네요!

@uncommonhouse_
강희철 · 정영은 부부

P.116

↘ 너무 조화로워요!
↘ 집이 이렇다면 진짜 늘 볼 때마다 흐뭇할 것 같아요.

@kmy_macaron
김미영 씨 부부

P.264

↘ 마카롱 클래스 선생님의 센스 있는 집
↘ 집이 너무 예뻐요.

@dual_holic
조봉관 · 김진영 부부

P.278

↘ 가구 색이 고급지네요.
↘ 그림 같은 집 부러워요.
↘ 아, 햇살 가득한 이쁜 집이네요.

더 많은
인테리어 아이디어를 얻고 싶다면
하우스앱을 다운받으세요!

\# 온라인집들이

\# 인테리어스토어

\# 전문가시공

스토어에서

🔍 하우스앱 을 검색하세요!